入門
モータ制御

実務に役立つ制御の考え方

森本 雅之 著

森北出版株式会社

はじめに

本書はモータ制御をこれから勉強してみようと思っている読者に向けて書いたものである．モータ制御に関する専門書は数多く出版されている．その多くは，電気機器の詳細な解析モデルから出発し，そのモデルをどのように制御してゆくかという流れで書かれている．このような書籍の多くは，一般化された電気機器理論から展開して書かれており，名著と呼ばれる書籍も数多くある．

しかしながら，理論的に正確を期そうとすると，例外なく，すべてを網羅することになる．すなわち，電気機器の解析は変圧器や発電所用の大型発電機も含めた詳細な解析から出発して展開してゆくことになる．それに対し，本書ではモータ制御を理解するうえで必要なことのみを説明している．つまり，制御に使われることの多い誘導モータと永久磁石同期モータの制御についての理解を目的として説明している．したがって，本書は電気機器全般の解析と制御という観点ではすべてをカバーしていない．

モータ制御を理解するためには大学や高専で履修する「数学」，「電磁気学」，「電気機器学」などの知識を前提として説明が進んでゆく．すなわち，ベクトル解析，行列，複素数などの基本や，磁気回路，電磁誘導，等価回路などの概念は身についているものとして解析が進められてゆく．読者のなかには，それらは確かに大学で習った気がするが，中身までよく覚えていない，と思われる方もいるであろう．本書の説明はややくどいと思われるかもしれないが，読んでいただければ数式の意味するところや実際のモータへの適用などのイメージをもっていただくことができるように書いたつもりである．さらに，読者のなかには教科書の制御の理論が具体的な回路となかなかつながらないと考えている方も多いと思う．本書はそのような理論と実務をつなぐことを目的としてモータ制御の考え方について理解できるように意図している．読者のレベルはさまざまであるため，こんなことは説明されなくてもわかる，というようなことがあるかもしれない．しかし，多くの読者の方々に理解していただけるように書いたつもりである．

　また，本書ではモータ制御を「平均値制御」と「瞬時値制御」に分けている．前者は，かつては動力用モータと呼ばれた分野に相当し，後者は制御用モータと呼ばれた分野に相当する．このようなモータの利用法による分類はパワーエレクトロニクスがまだ広く使われなかった時代に行われていたものである．現在では省エネルギの観点から動力用モータでもパワーエレクトロニクスで制御することが多い．一般にモータ制御というと瞬時値制御を指すようであるが，本書では比較的ゆっくり変化し，おおまかな目標値付近で運転するような回転数制御を中心とする場合を平均値制御として分類し，それについても記載している．つまり，本書は，そのようなモータを制御して利用するエンジニアのすべての立場からのモータ制御に関する入門書であると考えている．

　なお，本書はあくまでモータ制御の考え方を理解するための入門書である．実際の制御にあたっては詳細な専門書や実務書を参照していただきたい．本書によりモータ制御分野の上級エンジニアと呼ばれる人が一人でも増えることを期待している．

　2019 年　早春

著　者

目　次

第 7 章 インダクタンス 93

第 8 章 二相モータ 110

第 9 章 永久磁石同期モータの瞬時値制御 130

第 10 章 誘導モータの瞬時値制御 147

記号表

記号	名称	単位	備考（語源）
α	加速度	$\mathrm{m/s^2}$	
β	$\boldsymbol{i}_a$ と $\boldsymbol{i}_q$ のなす角		
δ	電機子電圧ベクトルの q 軸からの位相角．同期機理論でいう内部相差角に相当する		
ε	誘電率	F/m	ε_0 は真空の誘電率
θ	角度，位相	rad	
λ	一般的な磁束	Wb	
μ	透磁率	H/m	μ_0 は真空の透磁率
τ_E	電気的な時定数	s	
ϕ	電機子電圧 $\boldsymbol{v}_a$ と電機子電流 $\boldsymbol{i}_a$ の位相角．力率角に相当する		
ϕ_s	固定子電流の位相角		
ψ	磁束鎖交数	Wb	
$\boldsymbol{\psi}_0$	磁束鎖交数ベクトル		
$\boldsymbol{\psi}_a$	永久磁石により生じる磁束ベクトル		
ψ_m	磁束の振幅（最大値）	Wb	
ψ_s	固定子コイルに鎖交する磁束数	Wb	
ω	角速度，角周波数	rad/s	
ω_0	無負荷回転数	rad/s	
ω_M	回転子回転数	rad/s	
ω_s	誘導モータの滑り周波数	rad/s	
b_0	誘導モータの励磁サセプタンス	S	
B	磁束密度	T	
C	キャパシタンス	F	capacitance
$\boldsymbol{C}$	変換行列		
d	長さ，空隙の長さ	m	distance

記号表

記号	名称	単位	備考（語源）
D	粘性抵抗係数		damping
e	起電力	V	
E	電界の強さ	V/m	
E	誘起電圧	V	
$\boldsymbol{E}$	単位行列		
e_s	固定子コイルの誘起電圧	V	
E_s	固定子の誘起電圧	V	
f	周波数	Hz	frequency
F	力	N	force
f_m	機械的な回転周波数	Hz	
f_s	誘導モータの滑り周波数	Hz	
G	減速比		gear ratio
g_0	誘導モータの鉄損コンダクタンス	S	
$G(s)$	伝達関数		
I	電流	A	
i_0	ゼロ相電流	A	
i_α, i_β	$\alpha\,\beta$ 静止座標上の電流	A	
$\boldsymbol{I}_{\alpha\beta}$	$\alpha\,\beta$ 静止座標上の電流ベクトル		
I_a	電機子電流	A	armature
i_d i_q	dq 回転座標上の電流	A	
$\boldsymbol{I}_{dq}$	dq 回転座標上の電流ベクトル		
I_f	界磁電流	A	field
i_u, i_v, i_w	u, v, w 相の三相電流	A	
J	慣性モーメント	$\mathrm{kgm^2/rad^2}$	
K_E	起電力定数	Vs/rad	
K_T	トルク定数	Nm/A	
ℓ	一般的な長さ	m	length
ℓ	漏れインダクタンス	H	leakage
L	インダクタンス	H	
$\mathcal{L}$	ラプラス演算子		Laplace
L_0	1 相当たりの有効インダクタンスの平均値		
L_{0p}	1 相当たりの有効インダクタンスの振幅		
L_a	電機子（固定子）の自己インダクタンス	H	

記号	名称	単位	備考（語源）
L_s	固定子の自己インダクタンス	H	
m	質量	kg	
M	相互インダクタンス	H	mutual
n	毎秒回転数	s^{-1}	
N	毎分回転数	min^{-1}	rpm
N	巻数		N_s は固定子コイルの巻数
N_r	回転子コイルの巻数または導体数		
p	時間微分の演算子 d/dt		
P	仕事率，パワー，電力	W, J/s	動力，出力
P	モータの極数		pole
P_m	パーミアンス	Wb/A	
P_n	極対数（極数の 1/2） $2P_n = P$		pole pair
P_o	機械的出力	W	output power
Q	電荷	C	
r	距離，半径	m	radius
R	抵抗	Ω	resistance
R_a	電機子（固定子）コイルの抵抗	Ω	
R_f	界磁コイルの抵抗	Ω	field
R'_r	回転子抵抗の固定子側換算値	Ω	
R_s	固定子のコイル抵抗	Ω	
s	滑り		slip
S	面積	m^2	surface
T	トルク	Nm	T_L：負荷トルク，T_M：モータトルク
U	仕事	J	
U_e	静電エネルギ	J	electric
U_k	運動エネルギ	J	kinetic
U_m	磁気エネルギ	J	magnetic
v	速度	m/s	velocity
V	電圧	V	
$\boldsymbol{v}_0$	電機子コイルに誘導される誘導起電力ベクトル		
v_α, v_β	α β 静止座標上の電圧	V	
$\boldsymbol{v}_a$	電機子電圧ベクトル		

記号表

記号	名称	単位	備考（語源）
V_a	電機子電圧	V	armature
V_s	固定子端子電圧	V	
x	変位，一般的な距離	m	
X'_r	回転子コイルの漏れリアクタンスの固定子側換算値	Ω	
X_s	固定子コイルの漏れリアクタンス	Ω	
Z	インピーダンス，複素数		複素数は記号変更

添え字の説明

α, β：$\alpha\ \beta$ 軸の諸量，u, v, w：uvw 三相の諸量，s, r：固定子，回転子の諸量，
γ, δ：$\gamma\ \delta$ 軸の諸量，d, q：dq 軸の諸量，m, M：機械的な諸量

1 モータとは

モータは電気エネルギを運動エネルギ（機械力）に変換するエネルギ変換器である．本章ではモータを制御する立場に立って，モータとは何かを概観し，モータを利用する意味について述べてゆく．

1.1 電気エネルギの利用

私たちの生活は電気により成り立っていると言ってもいいだろう．もちろん，水，食物，燃料など様々なもののおかげで生活が成り立っている．しかし，水を水源から送り，食物を加工し，石油を輸送し，建物を照明し，空調するなど，実際の生活のためには電気が欠かせない．テレビを見たり，電話を掛けたり，コンピュータで情報処理できるのも電気のおかげである．

電気を利用するとは電気信号による情報を利用することでもあるが，電気エネルギを利用することを意味していることが多い．現在の技術では，化石燃料などの各種の自然エネルギを利用するためには，いったん電気エネルギの形態に変換してからエネルギを利用するのが最も効率よく利便であると考えられている．

では，私たちはどのように電気エネルギを利用しているのであろうか．電気エネルギを直接利用することはほとんどない．電気エネルギをそのまま利用するとは，例えて言えば，電気に触れてビリビリと筋肉を運動させるようなことである．通常は，電気エネルギは運動エネルギ，熱エネルギ，光エネルギなどの他のエネルギに変換して間接的に利用されている．図 1.1 にはわが国で発電された電力が最終的にどのような用途や機器に利用されているかを示している．

図からわかるように電気エネルギは最終的にはモータ（電動機）により半分以上が利用されている．モータにより利用されるということはモータの回転に

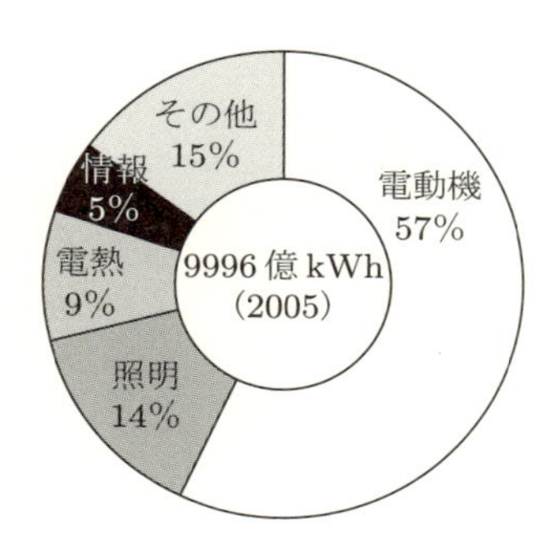

図 1.1　電気エネルギの利用

より運動エネルギに変換されて利用されることになる．例えば扇風機を使うということは，モータでファンを回して空気に運動エネルギを与えて空気の運動を利用しているのである．

電気エネルギがモータによって運動エネルギに変換されるということは，扇風機の場合を例にすれば，モータとファンの関係を考察すればよいのではないかと思うかもしれない．しかし，扇風機の風は“強，中，弱”に変化させないと快適ではない．モータにより電気エネルギを運動エネルギに変換するだけではなく，変換されたエネルギが調節できることが必要である．つまり，モータを制御するということはそのモータが駆動するエネルギ変換機器を制御することであり，電気エネルギ以外のエネルギを制御していることになる．

1.2　モータによるエネルギ変換

モータは，図 1.2 に示すように電気エネルギを回転や力などの運動エネルギに変換するエネルギ変換機器である．しかもモータは電気エネルギをいったん磁気エネルギに変換するという特徴がある．したがって，モータによるエネルギ変換は電磁エネルギ変換とも呼ばれる．

図 1.2　電気エネルギから運動エネルギへの変換

電気エネルギを直接，運動エネルギに変換することはあまり行われない．電気エネルギを直接運動エネルギに変換するためには，静電力を利用することになる．つまり，式 (1.1) で示すような電荷の間に働く力（クーロン力）を利用することになる．

$$F = \frac{1}{4\pi\varepsilon}\frac{Q_1 \cdot Q_2}{r^2} \tag{1.1}$$

ここで Q_1，Q_2 は電荷量，r は二つの電荷の間の距離である．このとき電荷の符号が同一であれば反発力，異なっていれば吸引力が得られる．静電エネルギを利用すれば電気エネルギを力という運動エネルギに直接変換できる．静電エネルギはエネルギの小さいマイクロフォンにおける音声から電気信号への変換や，微小なので高い電界が容易に得られるマイクロマシンで運動エネルギへの変換に利用されている．

しかし，静電エネルギの形態で大きなエネルギを扱うことはあまり現実的ではない．そこで，静電エネルギと磁気エネルギについて具体的に比較してみる．

真空中において，単位体積に蓄えられる静電エネルギ U_e および磁気エネルギ U_m は次のように表される．

$$U_e = \frac{1}{2}\varepsilon_0 E^2 \tag{1.2}$$

$$U_m = \frac{1}{2\mu_0}B^2 \tag{1.3}$$

すなわち，静電エネルギは電界の強さ E の 2 乗に比例し，磁気エネルギは磁束密度 B の 2 乗に比例する．磁束密度は一般的な材料を用いた場合，1.5 T が上限である．一方，空気中の電界の強さ E は空気の絶縁耐力から 3×10^6 V/m が上限である．したがって，単位体積に蓄えられるエネルギの最大値はそれぞれ，

$$U_{e\,\max} = \frac{1}{2} \times 8.85 \times 10^{-12} \times (3 \times 10^6)^2 \approx 39.8\,\mathrm{J/m^3} \tag{1.4}$$

$$U_{m\,\max} = \frac{1.5^2}{2 \times 4\pi \times 10^{-7}} \approx 8.96 \times 10^5\,\mathrm{J/m^3} \tag{1.5}$$

となる．したがって，両者の比は

$$\frac{U_{m\ \max}}{U_{e\ \max}} \approx 2.25 \times 10^4 \tag{1.6}$$

となる．単位体積に蓄えられることができる磁気エネルギは静電エネルギの 2 万倍以上である．したがって，静電エネルギより磁気エネルギを利用したほうが大きなエネルギを扱うことができるのである．

このように磁気エネルギはエネルギ密度が高いため，モータでは電気エネルギの一部またはすべてを磁気エネルギに変換し，磁気エネルギを運動エネルギに変換している．そこで，モータを制御するためにはモータの磁気現象の理解が不可欠となる．

1.3　エネルギの制御

モータの役割は電気エネルギの形態を運動エネルギの形態に変換することである．モータを制御するためにはパワーエレクトロニクスが使われる．パワーエレクトロニクスは電力の形態を変換するだけであり，エネルギ変換は行わない．パワーエレクトロニクスを利用してモータに与える電力の形態を制御すれば最終的にはエネルギを制御することになる．このような場合，パワーエレクトロニクスとモータを合わせたシステムは単なる電気エネルギの変換器ではなくエネルギを制御するための機器（アクチュエータ）と考える必要がある．つまり，パワーエレクトロニクスを用いてモータを制御することによりエネルギ制御システムが実現する．

モータを制御することの目的はモータを回すことではなく，エネルギを制御することである．図 1.3 に示すエネルギ制御システムには制御指令が与えられる．制御指令は機械などのエネルギ利用機器の動きを指令する．これによりパワーエレクトロニクスは機械を動かすためにふさわしい電力の形態（電圧，周波数など）をモータに入力する．その結果，エネルギ利用機器の動作に必要な運動エネルギをモータが発生し，モータにより駆動されたエネルギ利用機器が所望の動作を行う．制御指令はモータの制御を指令しているのではなく，風，熱などに変換するエネルギ利用機器の出力状態を指令しているのである．

このようにモータ制御の目的は各種のエネルギを制御することにあるということを認識していただきたい．

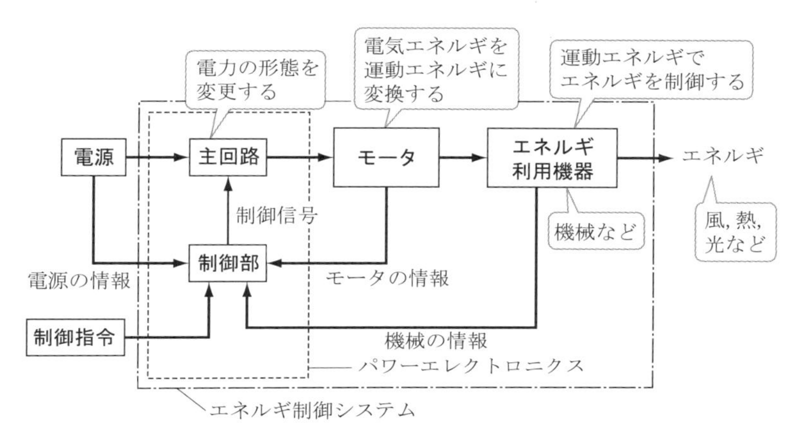

図 1.3　エネルギ制御システム

1.4　動力とトルク

モータの運動は回転運動である．回転運動を扱う前に，まず直線運動から説明を始める．直線運動系の場合，運動方程式は次のように表される．

$$F = m\alpha = m\frac{d^2x}{dt^2} \tag{1.7}$$

ここで，F は物体に作用する力 [N]，m は物体の質量 [kg]，α は加速度 [m/s^2] である．このとき，物体が x [m] 移動したとすると，この間にした仕事 U [J] は

$$U = Fx \tag{1.8}$$

である．仕事 U [J] とは物体を移動するのに必要なエネルギを表している．つまり，エネルギとは仕事をする能力を表している．この物体が速度 v [m/s] で運動しているときの運動エネルギ U_k [J] は次のように表される．

$$U_k = \frac{1}{2}mv^2 \tag{1.9}$$

仕事率 P [J/s] は 1 秒当たりの仕事を表している．つまり，毎秒のエネルギを表している．

$$P = \frac{U}{t} \tag{1.10}$$

ここで，t は時間 [s] である．仕事率 P [J/s] を速度 v [m/s] を使って表すと，

$$P = \frac{Fx}{t} = Fv \tag{1.11}$$

となる．

一方，回転運動系の場合，直線運動系の力に相当するのが「トルク」である．図 1.4 に示すようにモータの軸にアームを取り付け，その先にはかりをおいてモータを回転させようとすると，はかりに力がかかる．このとき，モータが回転しないようにモータ軸とアームが固定されていれば，この力はモータが回転し始めよう（始動）とする力である．また，軸とアームが緩くはめ合わされていて，軸がアームの取り付け部と摩擦しながら回転していれば，回転中に発生している力を示すことになる．

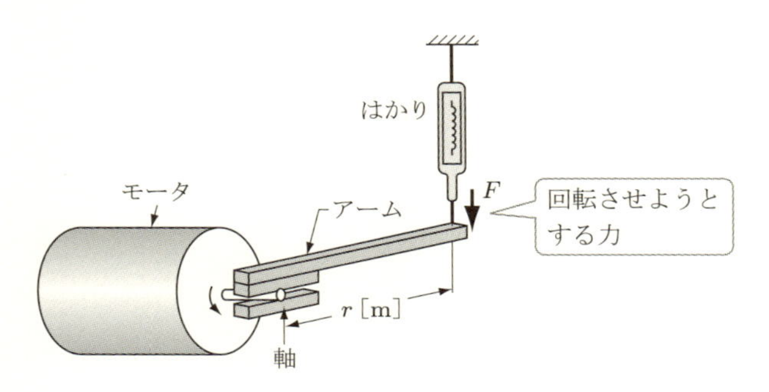

図 1.4　トルクとは

このようにして生じる力をはかりで測れば力の大きさが測定できると考えられる．しかし，はかりの取り付け位置が変わると，すなわちアームの長さが変わるとはかりの読みが異なってくる．てこの原理で，アームの長さとはかりの読みは反比例してしまう．そこで，アームの長さ r [m] すなわち回転半径と，はかりの読み F [kgf] の積 Fr を用いることにすれば取り付け位置に関係なく一定値になる．これをトルク T という．

$$T = Fr \tag{1.12}$$

トルクの単位はSI単位系ではニュートン・メートル[Nm]なのであるが，はかりの指示値が重力単位系[kgf]なので，直接掛け算するとトルクは重力単位系のキログラムメートル[kgfm]で表されることになってしまう．

1 Nmのトルクとは図1.4において$r = 1\,\mathrm{m}$のとき1 Nの力（または$r = 0.5\,\mathrm{m}$で2 Nの力）がかかることである．また，1 kgfmのトルクとは，$r = 1\,\mathrm{m}$で1 kgfの力がかかることである．なお，重力単位系で表したトルクとSI単位系で表したトルクには次の関係がある．

$$1\,\mathrm{kgfm} = 9.8\,\mathrm{Nm} \tag{1.13}$$

回転運動の仕事率[J/s]はモータやエンジンの場合，動力やパワーと呼ばれることが多く，単位には[W]が使われる[†1]．パワーP [W]はトルクT [Nm]と角速度で表した回転数ω [rad/s]の積である．

$$P = T\omega \tag{1.14}$$

モータの出力とはモータの回転運動の仕事率を指しており，単位には[W]が使われる．しかしながら，回転数をSI単位のω [rad/s]で表すことは社会生活上ではあまり行われない．実用的には毎分回転数N [min^{-1}]が多用されている[†2]．そこで，毎分回転数とパワーの関係を求める．いま，T [Nm]のトルクを出しながら軸が1回転しているとする．

アームの長さが1 mの位置は1回転すると，半径1 mの円周上をT [N]の力で円周の長さ$2\pi \times 1\,\mathrm{m}$移動する．したがって，1回転することにより$2\pi \times T$ [J]の仕事を行ったことになる．回転数をN [min^{-1}]とすると，1秒間に$N/60$ [s^{-1}]回転する．つまり，1秒間に$(N/60) \times 2\pi$ [m]移動している．1秒間に行う仕事[J]は移動した距離にトルクを掛ければ求めることができる．すなわち，1秒間に行う仕事[J/s]とはパワーP [W]なので，次のようになる．

$$P = \frac{N}{60} \times 2\pi \times T = 0.1047\,TN \tag{1.15}$$

モータの軸に接続された回転機械の性能は回転数またはトルクのいずれかに

†1 [W]=[J/s]である．

†2 常用単位として[rpm](Revolution Per Minute)= [min^{-1}]も使われる．

より表される．例えばファンであれば回転数で風量が決まるので回転数が制御の目標になる．車両駆動であればトルクで加速度が決まるので，トルクを制御することにより加速度を調節することが制御の目標になる．繰り返し述べているように，モータを制御することはモータの回転数やトルクではなく，そのシステムにより利用しようとしているエネルギを制御するのが最終目的である．

なお，本書ではブロック線図による説明を行うことがある．ブロック線図の扱い方についての説明を付録に添付しているので必要な方は参照されたい．

2 モータを制御するとは

本章ではモータ制御の概要を述べる．モータを制御するために，まずモータの基本原理を概観し，フィードバック制御，回転方向など，モータの動作についての基本を述べる．さらに，本書ではモータの瞬時値制御と平均値制御を分けて考えているが，それについても説明する．

2.1 モータの基本原理

モータを制御するにはモータの原理を理解する必要がある．モータの原理にのっとって制御すればモータを望みの回転数で回転させ，必要なトルクを出力させることができる．

モータの原理はフレミングの法則により説明できる．フレミングの法則を図 2.1 に示す．右手の法則は磁界中の運動により導体に生じる起電力の方向を示したものであり，左手の法則は磁界中の電流の流れている導体に働く力の方向を示している．

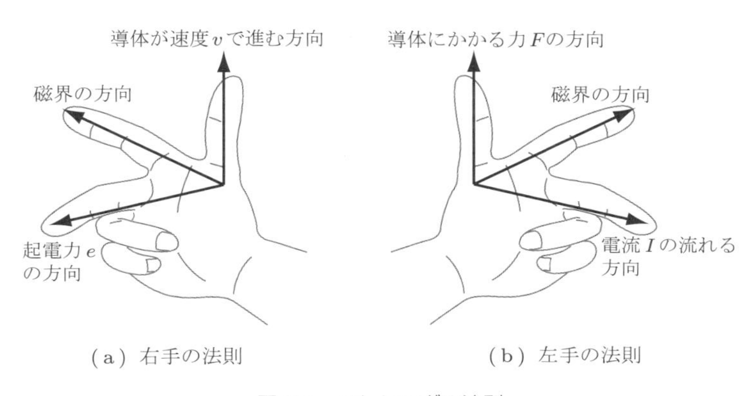

図 2.1　フレミングの法則

左手の法則で示されるような力 F の大きさは次のように電流 I と磁界の磁束密度 B にそれぞれ比例する．なお，ℓ は導体の長さである．

$$F = BI\ell \tag{2.1}$$

このように発生する力は電流と磁界により発生する力なので電磁力と呼ばれる．ローレンツ力ともいう．

モータのトルクは導体の回転の接線方向に生じる電磁力を利用している．すなわち，トルクは電流と磁界の磁束密度で決まるので，トルクを制御するためには電流または磁束密度を調節すればよい．コイルに流れる電流により磁界を発生させる場合（電磁石），電流を調節することにより磁束密度および電流が調節できる．磁界の発生（界磁と呼ぶ）とトルク発生（電機子と呼ぶ）にそれぞれ別のコイルを用いているのであれば，それぞれを独立して制御することが可能になる．

また，永久磁石による磁界を利用するモータでは磁束密度がほぼ一定なので電流のみでトルクを制御することができる．あるいは永久磁石の磁界と電流による磁界を合成することにより磁束密度を制御することもできる．これを弱め界磁あるいは強め界磁という．

また，右手の法則で示される起電力 e は次のように表され，コイルの移動速度 v に比例する．そのため，この起電力は速度起電力と呼ばれる．

$$e = B\ell v \tag{2.2}$$

コイルが回転している場合，速度とは接線方向の速度である．

速度起電力を利用したのが発電機である．しかし，速度起電力はモータが回転中にも生じている．モータに外部から電流を流そうとしたとき，モータが回転しているときには速度起電力が生じている．速度起電力により誘起される電圧 E は回転数に比例して増加する．回転数が高いと導体の接線方向の速度も高い．モータに流れる電流は端子電圧 V と速度起電力による誘起電圧 E の差に対応して流れる．

誘起電圧 E より大きい端子電圧 V を与えれば，V と E の電圧差に応じた電流が流れ込むことになる．つまり，モータを運転するためには端子電圧 V を

誘起電圧 E より高くする必要がある.

モータの原理を回路で表すと図 2.2 のようになる. この回路から次のような電圧と電流の関係が導かれる.

$$I = \frac{V - E}{R} \tag{2.3}$$

ここで R はコイルの抵抗である.

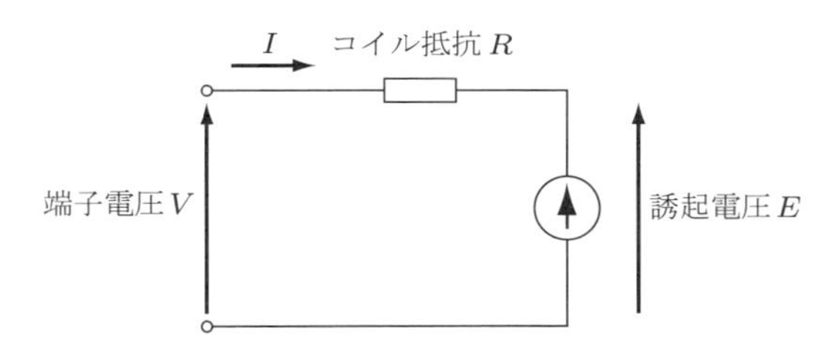

図 2.2　モータの原理の等価回路

第 4 章で後述するが, モータのトルク T は次のように表される.

$$T = K_T I \tag{2.4}$$

K_T はモータの大きさ, 永久磁石の磁束数などモータの構造, 構成から決まるモータごとの定数であり, トルク定数と呼ばれる. したがってトルクは電流に比例することになる. また, 誘起電圧 E は次のように表される.

$$E = K_E \omega \tag{2.5}$$

ここで, ω は角回転数である. K_E は K_T と同様にモータの大きさ, 永久磁石の磁束数などモータの構造, 構成から決まるモータごとの定数で, 起電力定数と呼ばれる. したがって回転により誘起される電圧は回転数に比例する.

2.2　モータの原理から見た制御

モータの出力はトルクと回転数である. モータを制御することはトルクまたは回転数を制御することになる. この両者を同時に所定の値に制御するのは困

難である．モータが駆動している負荷が必要とするトルクは回転数と対応している．モータと負荷の双方を同時に満足する回転数とトルクの組み合わせをあらかじめ計算することは不可能である．現実的にはトルク，回転数のいずれかをモータで制御し，他方は負荷のトルク特性から決まる成り行きの値になってしまう．

モータの回転数を制御しようとすると，式 (2.5) からわかるように回転により生じる誘起電圧に応じてモータの端子に加える電圧を制御する必要がある．このとき流れる電流は式 (2.3) で示される．$E = K_E\omega$ なので，回転数 ω になるような電圧 V を加えれば所定の回転数が得られる．ただし，これはモータに何も接続しない無負荷状態でモータが単体で回転する場合である．

負荷が接続されているとき，所定の回転数になるように電圧を制御しても電流は式 (2.3) では決まらない．負荷の回転に必要なトルクは負荷の特性から決まる．その回転数で負荷が必要とするトルクが発生できるような電流を流す必要がある．

また，モータのトルクを制御するには式 (2.4) で示すように電流を制御する必要がある．このとき，回転数は負荷のトルク特性に応じて成り行きの値になる．

以上で述べたように，モータの制御は電圧，電流の制御が基本になる．しかし，電流は負荷に対応させて制御する必要があり，さらに，電流を流すためには電圧を制御する必要があることがわかる．

2.3　回転磁界

交流モータの場合，回転磁界の周波数に応じて回転数が決まる．回転磁界は，空間的に 120 度おきに配置された三相コイルに三相交流電流を流すと三相コイルで構成する円周上に起磁力が回転することにより生じる．

回転磁界は次のように表される（6.1 節参照）．

$$B = \frac{3}{2}B_m \sin(\theta - \omega t) \tag{2.6}$$

ここで，θ は空間的な回転位置，ω は電流の角周波数である．この式の意味するところは，回転磁界の位置 θ は電流の位相 ωt に応じて移動する，ということである．すなわち電流の周波数が回転磁界の回転数に対応していることを表している．

回転磁界の毎分回転数 $N\,[\mathrm{min}^{-1}]$ は次のように表される．

$$N = \frac{120f}{P} \tag{2.7}$$

ここで，P はモータの極数，f は交流電流の周波数である．

したがって，交流モータの回転数を制御するためにはモータに流れる電流の周波数を制御することが基本的に必要である．交流モータの場合，周波数を制御したうえで，電流，電圧を制御する必要がある．

2.4 電流の制御

モータを制御するということはモータのトルクを調節することである．回転数を制御する場合でも現在の回転数から加速，減速する場合にはトルクを増減している．モータのトルクとは式 (2.4) で表されるように電流に比例するので，トルクを調節するためには電流の大きさを制御することになる．

電源から電力を供給される負荷は電流型負荷か電圧型負荷のいずれかである．電流型負荷に電圧を印加するのが電圧型電源（電圧源，voltage source）である．一方，電圧型負荷に電流を流し込むのが電流型電源（電流源，current source）である．

電圧源とは電圧を連続的に供給できる電源である．電源と並列にコンデンサがあれば電圧源になる．電流源とは電流を連続的に供給できる電源である．電源と直列にインダクタがあれば電流源になる．これらを模式的に描いたのが図 2.3 である．

現在のところ，モータの制御の大半は電圧源を制御のための電源として用いることが多い．これは電圧源に用いるコンデンサが小型軽量なので，電源装置が小型化できることが大きな理由である．交流モータの場合，電圧源として図 2.4 に示す電圧型インバータ (VSI: Voltage Source Inverter) を用いる．電圧型インバータではコンデンサを使用している．コンデンサに蓄えられたエネ

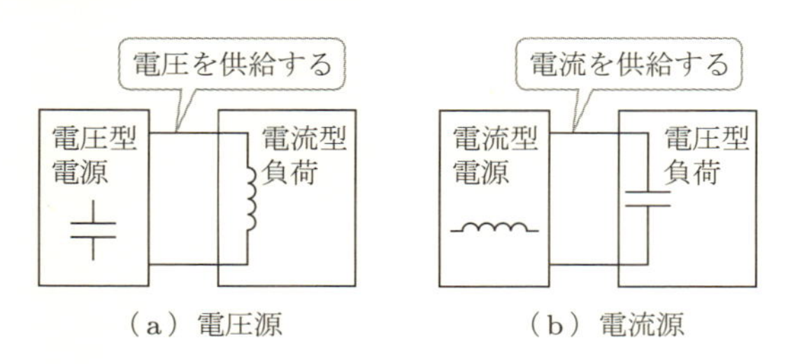

（a）電圧源　　（b）電流源

図 2.3　電圧源と電流源

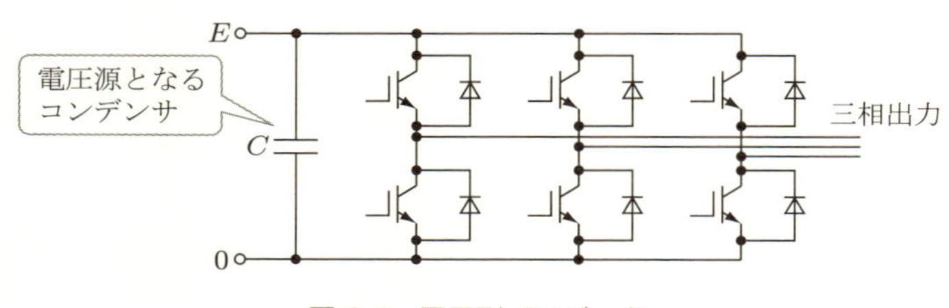

図 2.4　電圧型インバータ

ルギは電圧として負荷に供給され，出力電圧を制御する．

電圧を制御する電圧源によってどのように電流を制御するかを説明する．電圧源による電流制御は電流を検出し，目標の電流指令値より大きければ電圧を下げ，小さければ電圧を上げる制御である．モータに流れる実際の電流値を検出して電流の指令値と実際の電流値を比較し，電流の偏差（誤差）を求める．偏差に応じて電圧を上げ下げする．このように制御すると，結果的に電流を制御していることになる．

しかし，電流制御は電流値に対し瞬時に応答すればいいのかと言うとそうではない．このことは交流電流の正弦波を目標とした場合，瞬時値が周波数に応じて常に変化していることからもわかる．

直流電圧源にはパワーエレクトロニクスによる制御が用いられている．パワーエレクトロニクスはスイッチングにより電圧や電流を制御する．パワーエレクトロニクス回路でスイッチが閉じられると内部の電圧源であるコンデンサの電圧が瞬時に出力される．しかし，電流は図 2.5 に示すようなモータのインダクタンスにより RL 回路の過渡現象で立ち上がる．モータはコイルがあるので回路として考える場合は必ずインダクタンスを考えなくてはならない．

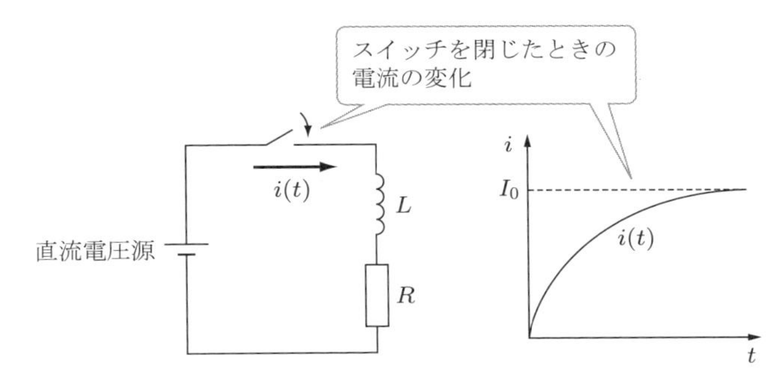

図 2.5 RL 回路の過渡現象

このようにスイッチングにより電圧は瞬時に立ち上がるのに対して，モータのインダクタンスにより電流は遅れて立ち上がる．そのため，検出した電流の瞬時の値から現在の電流偏差を求めて，それに応じて電圧を調節しても，インダクタンスによる電流の遅れがあるので電流はすぐには変化しない．さらに，電流が遅れて変化するので，なかなか望みの値にならず，どんどん電圧の補正を強めていってしまうことになる．そのため，電流誤差の積分を行う．ここでの積分とは一定時間間隔における指令値と実際の値の差（瞬時の電流偏差）の累積と考えてよい．

一般に，モータの電流制御には PI 制御†を用いる．PI 制御により，モータの RL 回路の過渡現象を考慮して，ある時間間隔（積分時間）に累積した電流偏差に応じて出力電圧を調節するようにしている．一般に PI 制御器の原理は図 2.6 のように説明されている．ここで K_P は比例制御のゲイン，K_I は積分制御のゲインである．比例制御した結果と積分制御した結果の和が出力と

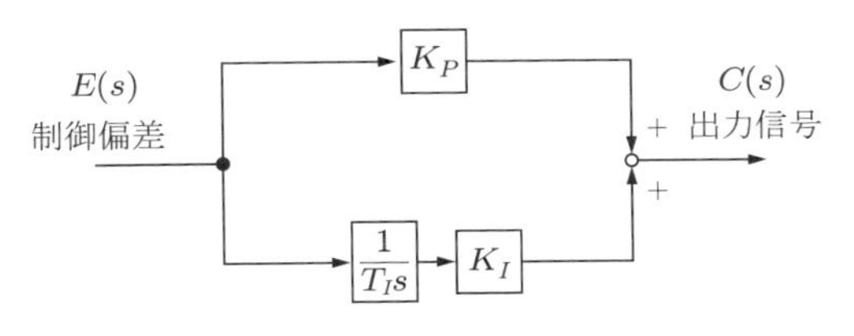

図 2.6 PI 制御の原理

† 比例 (Proportional) と積分 (Integral) を使う制御．付録参照．

なる．

実際にモータに使われるPI制御では積分時間T_Iが問題になる．電流の応答はモータのインダクタンスの影響を受けるのでモータをRL回路と考え，その過渡現象の時定数を考える必要がある．つまり，PI制御の積分時間は対象とするモータの特性を考慮して決める必要がある．

このように電流をフィードバックしてPI制御をするループを電流ループと呼ぶ．電流ループの概念を図2.7に示す．一般に電流ループは非常に高速に制御されるので，低速な制御ループの内側に配置される．電流ループはモータの制御では電流制御器の内部にあるものとして制御ブロックに表示されないことがある．そのため電流のマイナーループと呼ぶ場合もある．電流ループの役割は出力すべき基準波形（多くの場合は正弦波）に近似するように高速に制御することにある．PWM制御†の場合，電流制御ループは一つひとつのPWMパルスの幅を調節する．すなわちスイッチング周波数で電流が制御される．したがって，スイッチングに用いるパワー半導体デバイスの速度が十分速くないと電流制御の精度を高くできない．

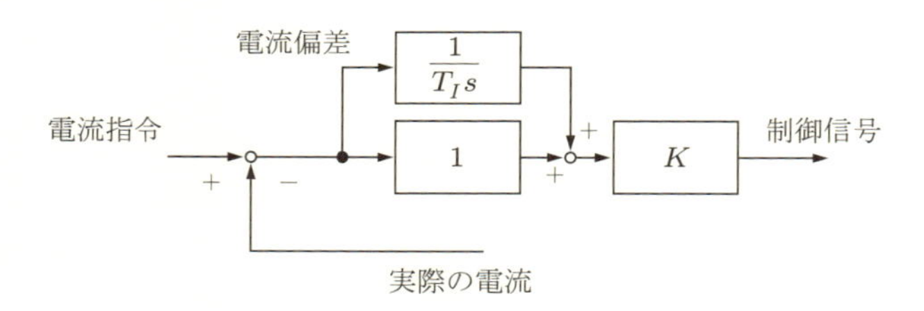

図2.7　電流ループ

2.5　正転と逆転

ここまではモータの回転方向については特に気にしないで説明してきた．ここではモータの正転，逆転およびトルクの方向について述べる．

いま，巻き上げ機を例に考える．巻き上げ用のモータが反時計方向に回転しているときを正転とする．巻き上げ機の運転には図2.8に示すような四つの状態がある．これを象限で呼ぶ．

† Pulse Width Modulation．パルス幅を調節して電圧を制御する方式．

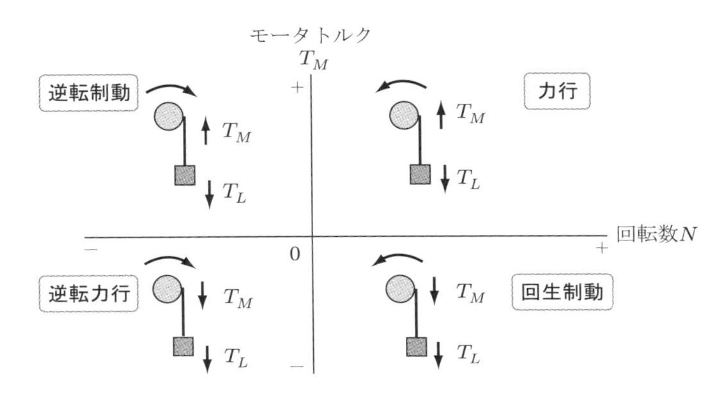

図 2.8 正転と逆転

第 1 象限は巻き上げ機が吊り荷を巻き上げている状態である．このとき $N > 0$ なので，回転方向は正転である．また，回転方向と同方向のモータトルク（反時計方向）を $T_M > 0$ として正方向とする．モータトルク T_M は対象物の荷重によるトルク T_L に打ち勝つような方向で巻き上げる．正転で正方向のトルクを発生しているときのモータの運転状態を「力行（りきこう）」と呼ぶ．

第 2 象限は $N < 0$ なので時計方向に回転する逆転である．すなわち巻き下ろしの状態を表していることになる．このとき，モータトルクは $T_M > 0$ であり正方向なので，吊り荷のトルク T_L と反対方向である．つまり，巻き下ろし速度をモータで減速している．これを「制動」と呼ぶ．

第 3 象限は巻き下ろし状態で，さらにモータトルク T_M は吊り荷のトルク T_L と同方向である．このとき巻き下ろし速度をモータにより加速（アシスト）している．これを逆転状態の力行と呼ぶ．

第 4 象限はモータトルク T_M がモータの回転方向と逆方向である．これはモータが発電機の動作をしていることを示している．発電動作をするということは，回転を妨げる方向にモータトルク T_M が生じることになる．発電により回転を妨げて減速させようとしている．このような場合を「回生制動」と呼ぶ†．回生により吊り荷の位置エネルギや運動エネルギが電気エネルギに変換される．

† 正しくは発電制動と呼ぶ．電源に電力を戻す場合を回生と呼ぶ．

2.6　フィードバック制御とオープンループ制御

モータの回転数を制御する場合，制御として図 2.9 に示すような三つの場合が考えられる．いま，ある目標の回転数でモータを回すことを考える．

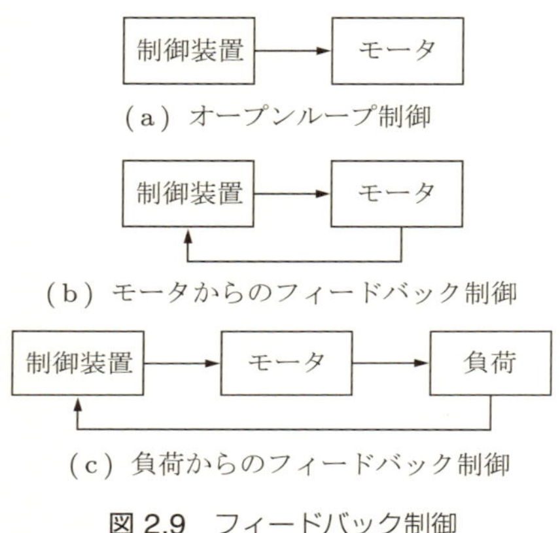

図 2.9　フィードバック制御

オープンループ制御はモータの原理を用いて回転数を決め打ちする方法である．多くのモータでは定格電圧が定められており，その電圧であれば定格回転数付近で回転することが保証されている．交流モータの場合，電圧のほかに定格周波数であることも必要である．この方法ではモータの負荷の状態が変化すると回転数が変動してしまうことがある．

モータに回転数センサを取り付けて実際の回転数をフィードバックすれば，目標の回転数に修正することができる．このとき，制御手段としては周波数や電圧の上げ下げとして考えるとよい．フィードバック制御すれば，負荷が変化したときも回転数の修正が可能になる．

さらに，モータの回転数を検出するのでなく，モータが駆動している機械の回転数を直接検出してフィードバックすることも考えられる．この方法では，機械の回転数そのものを調節することになるので，減速機や機械の空回りなどの要因も加味できる．そのため，フィードバック制御の精度が高くなる．

トルク制御も同じように考えることができる．オープンループ制御では直接トルクを制御するのは難しい．モータの原理からトルクの値は算出できるが，実際にそのトルクを発生して回っているかはわからない．

さらに，トルクを直接検出してフィードバック制御することは難しい．運転中に常時使える小型のトルクセンサはないと考えてよい．トルクのフィードバック制御は，トルクが電流に比例することを利用して電流をフィードバックし，そのトルクに対応する回転数になるようにトルクを調節することになる．これについては第 4 章以降で詳しく述べてゆく．

しかし，これだけでは制御できない．いま，図 2.10 のようなフィードバック制御を考える．モータの制御装置へ回転数の指令 N^* を与えたとする．このときモータの実際の回転数 N が指令 N^* と等しくなったとすると，回転数の偏差 ΔN はゼロになってしまい，モータへの入力信号がゼロとなるのでモータは停止してしまう．そのため，制御偏差 ΔN に応じて変化する制御出力を考える必要がある．これを操作量という．

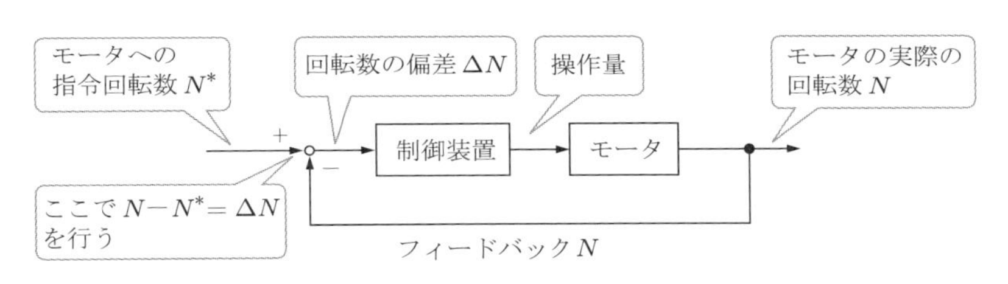

図 2.10　回転数のフィードバック制御

そのため，モータの制御では偏差信号を調節する PI 制御器などの調節器により，モータの回転数の操作量に変換する．

このようにフィードバックできれば偏差に対応して制御できるようになる．しかし，指令の変更やモータの負荷の変化などに素早く応答するかは，これだけの考え方では不十分である．応答性，精密性，安定性などを求める場合，回転数などの数値だけでなく，時間的な要素も含めた詳細な制御が必要になる．

なお，センサレス制御はここで述べたオープンループ制御とは異なる．一般的なセンサレス制御で対象とするセンサとはモータの回転子の回転位置検出用センサを指している．センサレス制御はモータの回転位置を検出せずにフィードバック制御と同じような制御を行う．回転位置を電圧電流などから各種の演算により制御系内部で推定して，制御を行う．

2.7　平均値制御と瞬時値制御

ここではモータを制御する目的について考える．制御のやり方や考え方は目的によって異なっている．

いま，モータでファンを回すことを考える．身近なものでは扇風機がある．扇風機は多くの場合，風の強さを“強，中，弱”のモードを切り替えて使うと思う．このとき，強中弱の切り替えはモータの回転数を調節して行う．

このような場合，強中弱の切り替えは人間が行うが，自動的に行うとすれば，それは制御である．この場合，どの程度の風の強さになるかが制御の目的である．すなわち，各モードでのモータの回転数がどれだけであるかが制御の指令値である．きめ細かく制御できるようにするには微風などのモードを増やして，設定できる回転数を増やすと思う．このような場合，モードの切り替えによりどのような強さの風になるか，すなわちどのような回転数で運転するかが問題になる．

扇風機の場合，モードを切り替えてすぐにその風量にならなくてもあまり気にならない．1秒かけてゆっくり変化しても設定したモードの風量になれば充分である．すなわち，時間遅れや応答性よりも，設定回転数で運転することが重要となる．このような制御を平均値制御と呼ぶ．しかも，平均値制御ではおおよその設定回転数になればよく，ぴたっとある回転数にならなくてもよい．また，瞬時にその回転数に到達することは要求されない．

では，同じようにファンを使って原料ガスを供給して化学反応させるような場合を考えてみよう．反応器に供給するのであれば原料ガスの流量を精密な設定値にしなくてはならないし，流量に変動があってはいけない．また，流量に何らかの変化があったときには，素早く元の設定した流量に戻さなくてはいけない．つまり，モータの回転の瞬時の状態を制御する必要がある．さらに，ロボットの腕を動かす場合を考えよう．ロボットの腕は正確な位置に移動させなくてはならない．しかし腕が瞬間的に動くと危険なので，動く速度や動いている途中の状態や軌跡も制御しなければならない．

このような制御をモータの瞬時値制御と呼ぶ．瞬時値制御では正確に設定値に保つような性能（精度），モータの回転を乱すようなこと（外乱）が起きたときにも設定値を保つ性能，および素早く設定値に到達する性能（応答性）などが要求される．つまり，瞬時値制御では過渡的な性能も要求される．

本書ではモータの制御をこのように平均値制御と瞬時値制御に分けて述べてゆく．大まかにいえば，平均値制御は等価回路に基づきモータの出力を制御する．瞬時値制御では，モータの回転や負荷の動特性を含んだ制御モデルに基づきモータの電流を制御する．ただし，平均値制御の場合でも設定回転数に到達するまでの始動時間などの時間的要素は考慮に入れることになる．

表 2.1　平均値制御と瞬時値制御

	平均値制御	瞬時値制御
制御の目標	大まかに所望の回転数で運転する（強中弱の切り替え）	正確な設定値（途中経過（軌跡）も目標）
応答性	それほど要求されない	素早く設定値に到達する性能が問われる
精密性	目標値の誤差はある程度許容される	精度が要求される
安定性	外乱の影響を受ける	外乱があっても設定値を保つ性能
回転変動，トルク変動	それほど問題にしない	制御で変動を抑えることが可能
制御手段	等価回路による電圧値，電流値の制御	制御モデルによる電流波形（位相，振幅）の制御
モータの磁気飽和	多少の磁気飽和にも対応可能	磁気飽和しない前提で制御する
電流センサ	使用しなくても制御可能	電流センサを使用して電流制御を行う
制御演算	時間領域で簡便に行う	座標変換などがあり複雑
モータの回転センサ	センサを使用しないオープンループ制御が可能 センサを使用する場合，NS の磁極の検出や，1 回転を 6 分割する程度の位置検出	1 回転を数百分割して検出できるような高精度センサが必要 センサレス制御する場合も回転角度の精密な推定を行う
制御の名称の例*	可変速ドライブ，速度制御，回転数制御など 「直流モータの電圧制御」 「誘導モータの V/f 一定制御」 「ブラシレスモータの回転数制御」	トルク制御，ベクトル制御など 「直流モータのサーボ制御」 「交流モータのベクトル制御（回転数制御，トルク制御）」

*あくまで名称の例であり定義ではない．

なお，平均値制御と瞬時値制御は厳密に区別するものではない．おおまかに制御の考え方を分けているものである．そこで，表 2.1 におおまかな比較を示す．

COLUMN

馬力

動力の単位は [W] ですが，馬力という言い方もあります．馬力はジェームズ・ワットが蒸気機関がどの程度の仕事ができるかを表すのに使ったのが最初といわれています．

ワットが使った馬力は「1 秒間につき 550 重量ポンド (lbf) の重量を 1 フィート (ft) 動かすときの仕事率」(550 lbf·ft/s) です．これは英馬力と呼ばれ，1 英馬力は 745.7 W です．馬力は Horse Power なので単位記号として HP が使われます．

一方，メートル法により定義された馬力は「1 秒間につき 75 重量キログラム (kgf) の重量を 1 メートル動かすときの仕事率」(75 kgf·m/s) と定義しています．これは仏馬力と呼ばれ，1 仏馬力は 735.49875 W です．ドイツ語の Pferdestärke から単位記号として PS が使われます．

過去には日本馬力というのがあり，1 日本馬力は 750 W と決められていました．現在，わが国ではエンジンに限り例外的に仏馬力=735.5 W として使用を認められています．

筆者はエアコンの開発に携わったことがありますが，当時，1 馬力のエアコンという呼び方がありました．はっきりした定義はなかったようですが標準的な家庭用ルームエアコン（冷房能力が約 2240 kcal/h = 約 2.5 kW）に搭載されているコンプレッサのモータの定格出力が約 750 W だったことで，これを 1 馬力のエアコンと呼んでいたようです．

なお，この時代にはエアコンはぜいたく品ということで物品税がかかっていました．税金のランク分けから 1 馬力，すなわち 2240 kcal/h の冷房能力が一つの区分となっていたようです．

3 負荷特性とモータの動力学

本章ではモータが駆動する負荷の特性について述べる．モータの機能は回転することである．それによりモータに駆動される負荷も回転する．ここではモータが負荷と接続された状態での回転運動を考える．モータの制御を考えるには，モータで駆動する負荷機械の特性と，その運動や力学を理解することが必須である．

3.1 各種の負荷特性

モータで駆動される負荷にはそれぞれ特有のトルク特性がある．トルク特性とはその回転数で回転するために必要なトルクを示したものである．N–T 曲線とも呼ばれる．図 3.1 に各種負荷のトルク特性を示す．

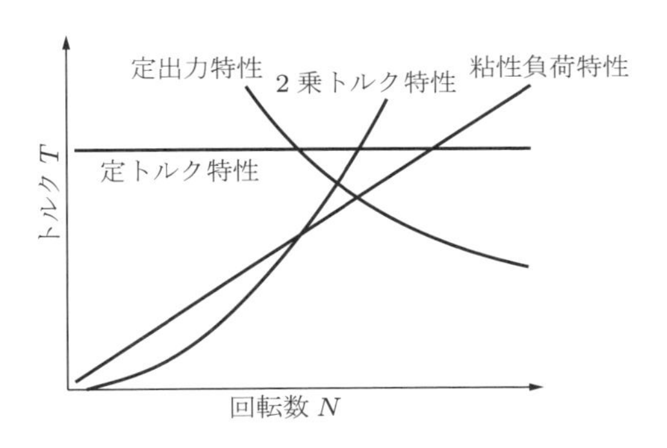

図 3.1　各種負荷のトルク特性

3.1.1　定トルク特性

回転数が変化しても負荷トルクは一定である．図 3.2 に定トルク特性を示す．モータの出力は（トルク）×（回転数）なので，モータ出力は回転数に比例す

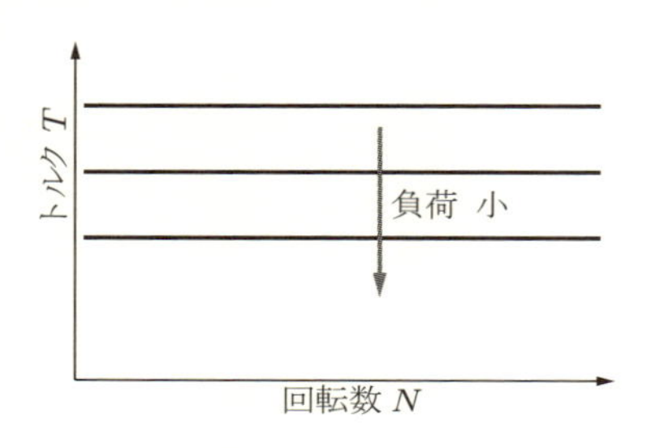

図 3.2　定トルク特性

る．定トルク特性の例としてベルトコンベアがある．回転数が変わってもトルクはほぼ一定である．ただし，コンベアの積荷の重さによりトルク曲線が上下に変化する．このほか，クレーンなどの重力負荷（巻き上げ）もこの特性を有する．レシプロコンプレッサや工作機械の送りなどもこのような特性をもつ．

3.1.2　粘性負荷特性

回転数に比例してトルクが変化する．図 3.3 に粘性負荷特性を示す．モータ出力は回転数の 2 乗に比例する．代表的な例は，摩擦により生じる抵抗である．摩擦による抵抗は水や空気などの流体の粘性力によるものが多いので，粘性抵抗負荷と呼ぶ．軸受けや一部のポンプ類もこのような特性をもつ．また，ゆっくり動いている船が水から受ける抵抗もこの特性である．

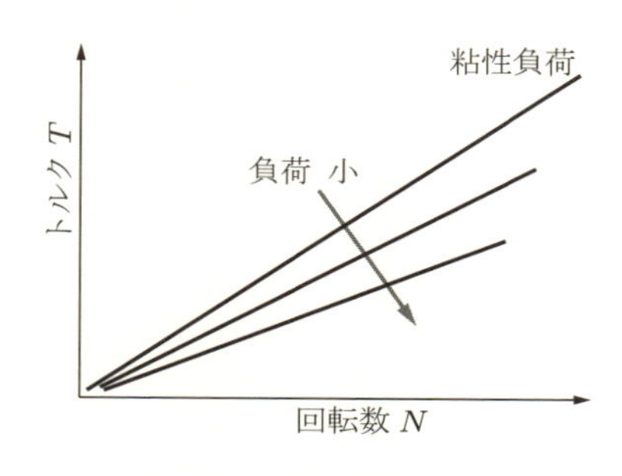

図 3.3　粘性負荷特性

3.1.3　2 乗トルク特性

回転数の 2 乗に比例してトルクが変化する．代表的な例は，流体中の運動で，速度が速いときに空気や水の圧力を押しのける力である．慣性力は回転数の2乗に比例するので慣性負荷特性ともいう．このトルク特性はファン，ポンプなどの流体機械に多く見られる．流体機械では回転数は流量に相当する．しかし流量のほかに圧力という条件があり，図3.4に示すように圧力によりトルク曲線は上下する．2乗トルク特性の負荷はモータ出力が回転数の3乗に比例する．そのため回転数を低下させることによる省電力の効果が大きい．

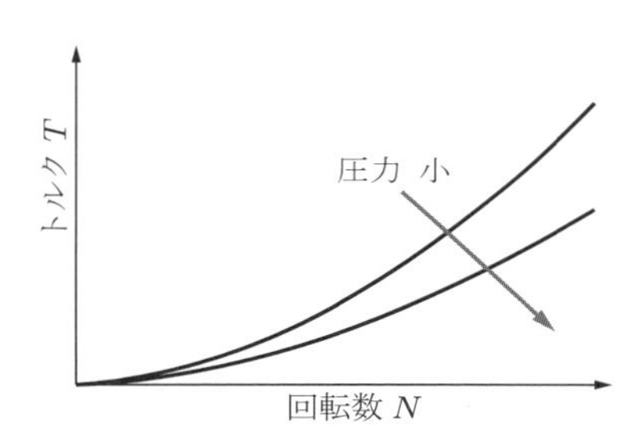

図3.4　2乗トルク特性（ポンプ）

3.1.4　定出力特性

トルクが回転数に反比例する特性である．図3.5に定出力特性を示す．高速になればなるほどトルクが小さくなる．自動車，電車などの走行体の走行に必要なトルクも定出力特性である．出力は回転数にかかわらず一定である．グラインダ，巻き取り機，圧延機などもこの特性である．なお，計算上は回転数がゼロではトルクが無限大になり，トルクがゼロでは回転数が無限大になってしまう．通常はトルク制限および回転数制限を設ける．

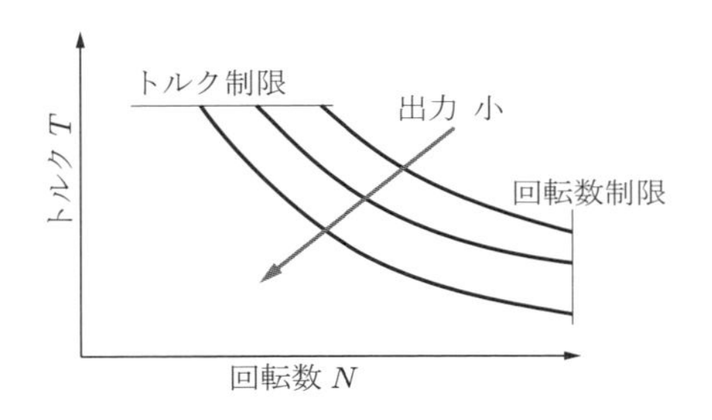

図3.5　定出力特性

3.2 モータの運転点

モータの特性を表すために，負荷特性と同様にトルクと回転数の関係を示す N–T 曲線が用いられる．負荷に接続されたモータは，モータの発生するトルクと負荷の必要とするトルクが等しくなる回転数で運転する．すなわち，負荷とモータのトルク特性を同一座標のグラフに描けば，両曲線の交点がモータの運転点となる．モータトルク T_M が負荷トルク T_L より大きければ加速し，小さければ減速する．

$T_M > T_L$ のとき，$T_M - T_L$ が加速トルクとなる

$T_M = T_L$ のとき，その回転数で運転を継続する

$T_M < T_L$ のとき，$T_L - T_M$ が制動トルクとなる

しかし，トルクが等しくても必ずしも安定に運転できるとは限らない．運転が安定であるかどうかは，図 3.6 に示すようにモータのトルク T_M と負荷のトルク T_L を一つのグラフ上に表して判別する必要がある．

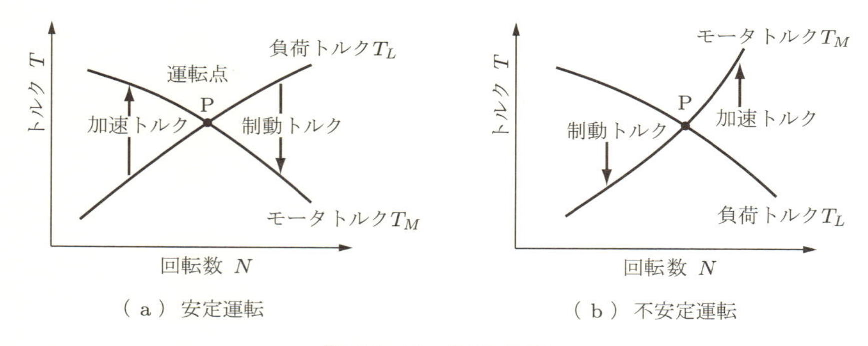

図 3.6　モータの運転点

図 3.6(a) において，運転点 P で運転しているとする．このとき，何らかの原因で回転数が増加したとする．点 P より高い回転数では負荷トルク T_L はモータトルク T_M より大きいので，回転数を維持できず，減速して点 P に戻る．逆に回転数速度が下がると $T_L < T_M$ となる．このときモータのトルクは必要トルクより大きいので加速して運転点は点 P に戻る．つまり，この場合，点 P は安定した運転点である．

一方，図 3.6(b) においては，回転数が増すと，$T_L < T_M$ となる．このため，モータトルクが余剰となり，加速トルクを生じ，回転数がますます増加する．運転点は点 P に戻らない．このようなときは不安定な運転である．

このようにモータの運転点は負荷の状態とモータの状態の成り行きで決まるといっても過言ではない．モータのトルクや回転数を積極的に制御しない場合，負荷の特性を熟知することが重要である．しかし，モータを制御すれば負荷特性にかかわらず，モータの運転点（トルクまたは回転数）を望みの値に調節することができるようになる．このような運転点の考え方はモータの平均値制御を行う場合には特に重要である．

3.3 負荷特性とモータの性能

3.1 節で述べたようにモータで駆動する負荷には様々な特性がある．モータの回転数を制御する場合，負荷の特性がモータの性能に大きく影響する．

3.3.1 定トルク特性

定トルク特性の負荷は回転数が変化しても，負荷の必要とするトルクは一定である．定トルク特性の例として巻き上げを考える．巻き上げは重力が負荷になるので，巻き上げる対象の質量でトルクが決まる．図 3.7 に示すように，回

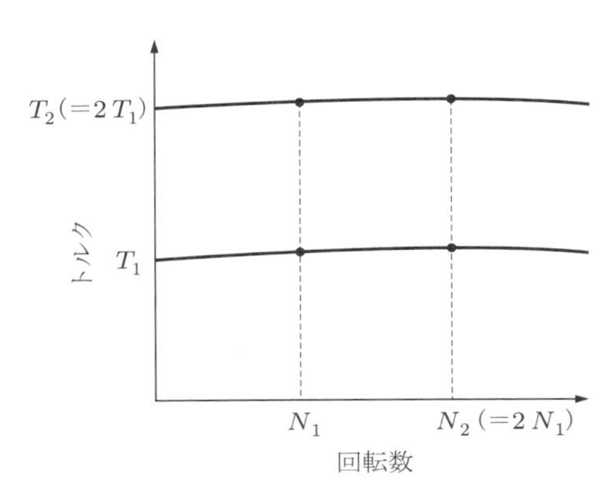

図 3.7　定トルク負荷の運転点

転数を N_1 から 2 倍の N_2 に変更しても対象物が同一ならトルクは変化しない．

定トルク特性では，モータの出力は回転数に比例する．いま，T_1 のトルクで N_1 の回転数で運転しているとする．巻き上げ対象の負荷の重量が倍増したとき，負荷の必要とするトルクは $T_2 = 2T_1$ とする．このとき，T_2 の負荷でモータの回転数を N_1 で運転させるためにはモータのトルクを 2 倍にする必要がある．つまりモータの出力は同一回転で 2 倍必要となる．

この状態で，さらに回転数を 2 倍の $N_2 = 2N_1$ に増速した場合，モータの出力はさらに 2 倍となる．運転点 (N_2, T_2) と (N_1, T_1) ではモータの出力が 4 倍異なる．

一般に，モータの効率は最大出力に近い定格出力で最高になるように設計されている．使用しているモータの定格として (N_2, T_2) を想定している場合，(N_1, T_1) のように定格出力の 25% 程度の出力では効率が低い．このような低出力の運転時間が長い場合，低出力の運転でモータ効率が高くなるような制御が必要とされる．

3.3.2　2 乗トルク特性

ファンやポンプなどの流体機械では，弁を絞ったり，邪魔板を置いたりすれば流量や圧力が変化する．流量や圧力が変化した場合を，図 3.8 に示すような 2 本の負荷トルク特性により考える．いま，T_1 のトルクで N_1 の回転数で運転しているとする．このとき，回転数を 2 倍の $N_2 = 2N_1$ に増速した場合，トルクは回転数の 2 乗に比例するので 4 倍の $4T_1$ になる．つまり，モータの出力は 8 倍になる．N_2 の回転数のまま負荷の流量などを調整して (N_2, T_1) で運転するようにした場合，下側に示すトルク曲線上に移動する．この状態で回転数を N_1 に低下させた場合，トルクは $T_1/4$ に低下する．

このように 2 乗トルク負荷ではモータの出力が回転数の 3 乗に比例する．つまり，2 乗トルク負荷ではモータの回転数を低下するだけで省電力化の効果が大きい．2 乗トルク負荷の場合，モータ出力の低下が大きいので，低回転数でモータ効率が低下してしまうことの影響はそれほど大きくない．

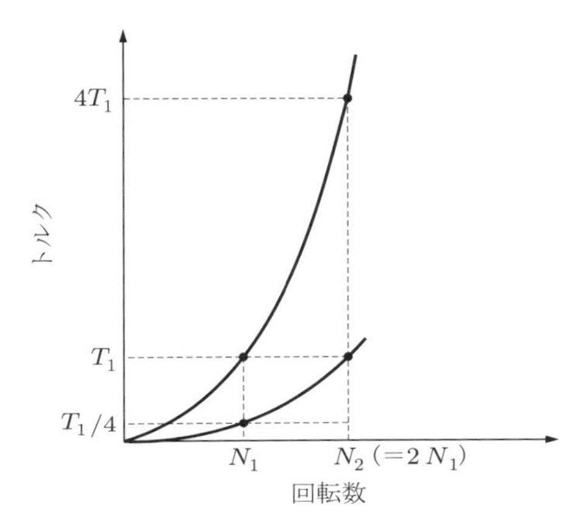

図 3.8　2 乗トルク負荷の運転点

3.3.3　定出力特性

定出力特性の負荷の例として車両での運搬を考える．重いものはゆっくり，軽いものは速く運搬しようとするとき，（トルク）×（回転数）で決まる出力は同一である．巻き取り機でリールへ同じ張力で巻き取る場合，巻き始めはリールの径が小さいのでトルクは小さいが，巻き取りが進むとリールの径が大きくなってくるので(力)×(半径)であるトルクが大きくなってしまう．このような場合，同じ張力で巻き取るためには回転数を下げなくてはならない．つまり，モータの出力を一定に制御する必要がある．定出力制御とは，図 3.9 において

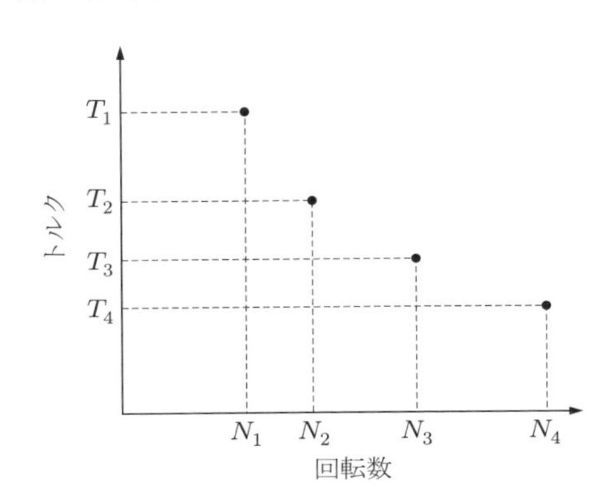

図 3.9　定出力負荷の運転点

次のように制御することである．

$$T_1 N_1 = T_2 N_2 = T_3 N_3 = T_4 N_4 = P \tag{3.1}$$

このような負荷の場合，回転数を制御するのがよいのか，トルクを制御するのがよいのかは負荷の用途で決める必要がある．張力一定で巻き取る場合にはトルクを制御する必要がある．しかし，運搬車両の場合などでは回転数を制御するほうが負荷の走行や運転になじみやすい．

定出力負荷特性の場合，定格出力ではなく，どの運転点（トルクと回転数の組み合わせ）でモータの効率を高くしたいのかは負荷の用途による．ある運転点の効率を高くするのには制御も関係するが，モータの設計による影響のほうが大きい．

3.4 回転運動系の運動方程式

第 1 章でも述べたように，直線運動の運動方程式は次のように表される．

$$F = m\alpha = m\frac{d^2x}{dt^2} \tag*{(1.7) 再掲}$$

直線運動を回転運動に置き換えると，回転運動の運動方程式は次のように表される．

$$T = J\frac{d^2\theta}{dt^2} \tag{3.2}$$

この式を直線運動の式 (1.7) と比較すると，$F \to T$，$m \to J$，$x \to \theta$ に置き換わっていることがわかる．回転運動では位置 x [m] に相当するのが角度 θ [rad] である．回転数は角速度 ω [rad/s] を用いて，1 秒当たりの回転角度で定義される．

$$\omega = \frac{d\theta}{dt} \tag{3.3}$$

なお，角速度 ω と毎秒回転数 n [s^{-1}]，毎分回転数 N [min^{-1}] との関係は次のようになる．

$$\omega = 2\pi n = \frac{2\pi}{60}N \tag{3.4}$$

また，直線運動の質量 m [kg] に相当するのは回転運動では慣性モーメント J である．慣性モーメント J [kgm^2/rad^2] は回転半径 r を使って次のように定義される．

$$J = mr^2 \tag{3.5}$$

慣性モーメント J とトルク T [Nm] の関係は次のようになる．

$$T = J\frac{d\omega}{dt} \tag{3.6}$$

したがって，モータの発生トルクを T_M とし，モータで駆動する負荷のトルクを T_L としたとき，次の式が負荷を駆動しているモータの運動方程式となる．

$$T_M - T_L = J\frac{d\omega}{dt} \tag{3.7}$$

いま，図 3.10 に示すように，質量 m [kg] の点が半径 r [m] で回転運動しているとき，質点 m の接線方向の速度（周速）v [m/s] は次のように表される．

$$v = r\omega \tag{3.8}$$

このときの仕事率 P [W] を求めると，

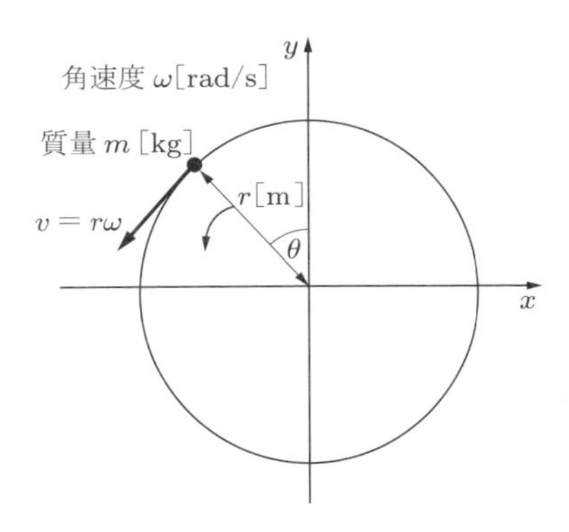

図 3.10　回転運動

$$P = Fv = Fr\omega = T\omega \tag{3.9}$$

と表される．この質点 m の回転運動の運動エネルギ U_k [J] は次のようになる．

$$U_k = \frac{1}{2}mv^2 = \frac{1}{2}mr^2\omega^2 = \frac{1}{2}J\omega^2 \tag{3.10}$$

3.5 慣性，摩擦，ねじれ

3.5.1 慣　性

慣性モーメント J は直線運動での質量に相当する量である．質量は直線運動系の式 (1.7) では加速度 $\dfrac{d^2x}{dt^2}$ と力 F の間の比例定数であると考えられる．すると，回転運動の場合の式 (3.2) では角速度 ω の変化，すなわち角加速度 $\dfrac{d^2\theta}{dt^2}$ とトルク T の間の比例定数が慣性モーメントであると考えることができる．

モータ制御の場合，モータそのものの慣性モーメントだけではなく，モータが駆動している負荷の慣性モーメントを含めた回転系全体の慣性モーメントを考える必要がある．

慣性モーメントをモータ制御の観点から見てみる．慣性モーメントが小さいということは，回転数が変化しやすいということを示している．すなわち，負荷の加速・減速を素早く行いたい，あるいは回転数の指令に応答性良く追従させるような制御をしたい場合，慣性モーメントは小さいほうがよい．一方，極力一定速で回転させたいような場合，慣性モーメントが大きければ，外乱や負荷変動があっても回転数の変動が小さくなる．

モータは負荷に接続されている．モータと負荷が直結されていれば同一回転数であるが，歯車などを介して減速されることも多い．いま，図 3.11 に示すようにモータが歯車を介して負荷に接続されているとする．

このとき，モータの回転数 ω_1 は負荷の回転数 ω_2 に減速される．減速比 G は次のように表される．ここで，Z_1，Z_2 は歯数である．

$$G = \frac{\omega_2}{\omega_1} = \frac{Z_1}{Z_2} \tag{3.11}$$

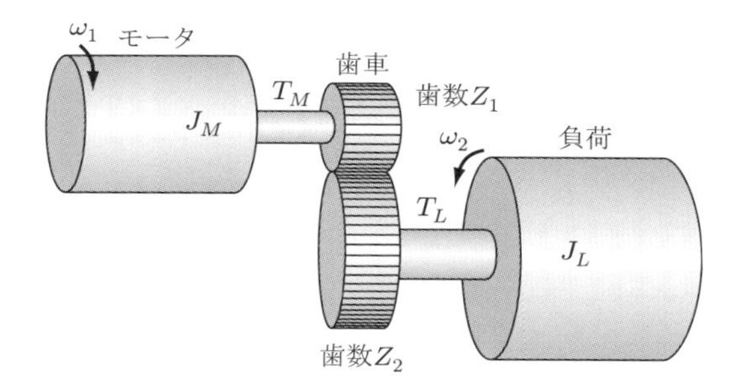

図 3.11 歯車による伝達

モータのトルク T_M は負荷トルク T_L と減速比 G により次のように表される．

$$T_M = GT_L = \frac{Z_1}{Z_2}T_L \tag{3.12}$$

負荷とモータを合わせた全体の運動エネルギ U_k はモータの回転運動のエネルギと負荷の回転運動のエネルギの和となる．ここで，J_M，J_L はそれぞれモータ，負荷の慣性モーメントである．

$$\begin{aligned} U_k &= \frac{1}{2}J_M{\omega_1}^2 + \frac{1}{2}J_L{\omega_2}^2 \\ &= \frac{1}{2}{\omega_1}^2\left\{J_M + \left(\frac{\omega_2}{\omega_1}\right)^2 J_L\right\} \end{aligned} \tag{3.13}$$

つまり，システム全体の慣性モーメント J は次のようになる．

$$J = J_M + \left(\frac{\omega_2}{\omega_1}\right)^2 J_L = J_M + G^2 J_L \tag{3.14}$$

これをモータ軸に換算した慣性モーメントと呼ぶ．

次にモータの回転を直線運動に変換させる場合の慣性モーメントについて述べる．いま，図 3.12 に示すようにドラムによりロープに吊るされた質量 m の物体を巻き上げることを考える．物体は上下方向に直線運動をしている．

このとき，システム全体の運動エネルギ U_k はドラムの回転運動と質量 m の物体の直線運動の合計なので次のようになる．

$$U_k = \frac{1}{2}J_D\omega^2 + \frac{1}{2}mv^2 \tag{3.15}$$

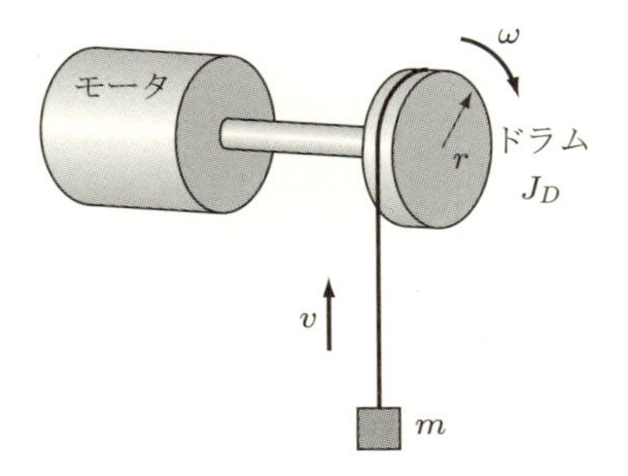

図 3.12　ドラムで巻き上げる場合

ここで，J_D はドラムの慣性モーメントである．なお，モータの慣性モーメントはドラムに比べはるかに小さいと考え無視する．質点 m の移動速度 v はドラムの半径を r とするとドラムの周速となるので次のように表すことができる．

$$v = r\omega \tag{3.16}$$

これを用いると運動エネルギは次のように表すことができる．

$$\begin{aligned} U &= \frac{1}{2}\omega^2 \left\{ J_D + \left(\frac{v}{\omega}\right)^2 m \right\} \\ &= \frac{1}{2}\omega^2 (J_D + r^2 m) \end{aligned} \tag{3.17}$$

したがって，合成した慣性モーメント J は次のように表すことができる．

$$J = J_D + r^2 m \tag{3.18}$$

3.5.2　摩　擦

次に，摩擦力による負荷について述べる．摩擦力とは，接触している二つの物体の接触面に移動を妨げる方向に生じる力である．

図 3.13 に示すように，物体を滑り面に沿って動かすとき，物体が滑り面を押しつける垂直力 F_N と，物体と滑り面の間に生じる摩擦力 F には，次のような関係がある．

$$F = \mu F_N \tag{3.19}$$

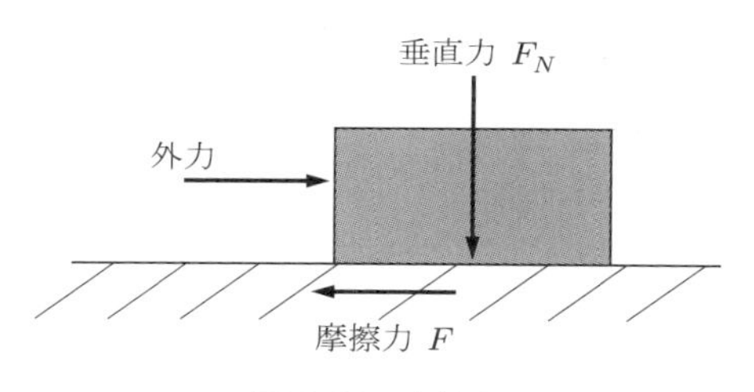

図 3.13　摩擦力

ここで μ は摩擦係数である．質量 m の物体が水平面に垂直に置かれている場合，垂直力は $F_N = mg$ となり，物体の質量に比例する．このような摩擦をクーロン摩擦という．図 3.14 に示すようにクーロン摩擦は速度に関係しない．

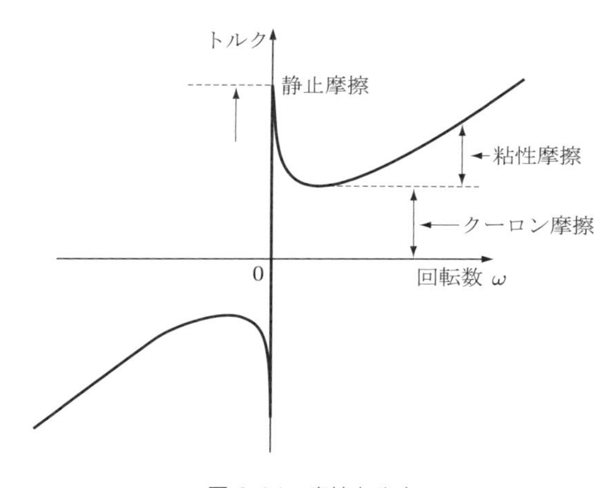

図 3.14　摩擦トルク

物体を摩擦力に打ち勝って滑らせるためには，摩擦力 F より大きい外力が必要である．摩擦力は直線運動では力であるが，回転運動では摩擦トルクとなる．

摩擦には，静止している場合の静止摩擦と相対的に動いている場合の動摩擦がある．動摩擦は直線運動の場合，滑り摩擦といい，回転しながら移動する場合をころがり摩擦という．動摩擦には，速度に関係する粘性摩擦と速度に無関係なクーロン摩擦がある．モータや回転機械などは軸受けにより回転しており，軸受けのクーロン摩擦は無視できるほど小さいと考えられる．そこで，モータ制御の場合，摩擦トルク T_f は軸受けなどの粘性摩擦だけを考え，回転数に比例すると考えることが多い．

$$T_f = D\omega \tag{3.20}$$

ここで，D はころがり摩擦による粘性抵抗係数である．例えば軸受けのような回転体の場合，摩擦面が潤滑された状態での係数を指している．

3.5.3　ねじれ

次にねじれにより生じるトルクについて説明する．いま，図 3.15 のように二つの回転体が接続されているとする．このとき，両者を結合する軸が固く，変形しなければ（このようなものを剛体という）二つの回転体は一つの回転体と考えることができ，回転数は同一である．しかし，図のように結合軸がばねのようにねじれる場合（このようなものを弾性体という），二つの回転体の回転に位相差 θ が生じる．このような場合，ねじりによるトルク T_θ が生じる．

$$T_\theta = k_\theta \theta \tag{3.21}$$

ここで，k_θ はばね定数と考えてもらえばよい．なお，制御の分野ではばね定数の逆数である $1/k_\theta$ をコンプライアンス定数と呼ぶことがある．

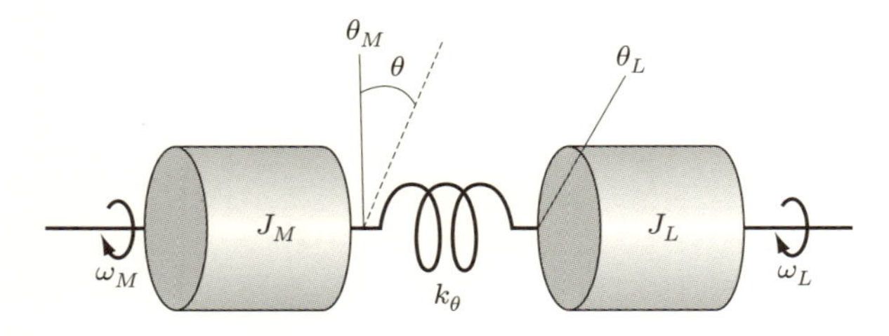

図 3.15　二慣性システム

ねじりによるトルクを考慮すると，このようなシステムの運動方程式は J_M と J_L の二つの慣性体の組み合わせとなる．これを二慣性システムと呼び，運動方程式は次のように表される．

$$T = J_M \frac{d\omega_M}{dt} + J_L \frac{d\omega_L}{dt} + D\omega + k_\theta(\theta_M - \theta_L) \tag{3.22}$$

ここで，$\dfrac{d\theta_M}{dt} = \omega_M$，$\dfrac{d\theta_L}{dt} = \omega_L$ である．

ねじりトルクの発生について，軸が弾性体の場合を例にして説明した．このほか，軸が剛体であってもモータの発生トルクに脈動がある場合にはねじりトルクが発生する．モータが脈動トルクを発生すると，軸にプラスマイナスの微小なトルクを常に与えることになる．このようなときにもねじりトルクとして考える．

3.6 始動，加速，減速

3.6.1 モータの始動と加速

モータの発生するトルクを T_M，負荷トルクを T_L とすると運動方程式は次のように表すことができた．

$$T_M - T_L = J\frac{d\omega}{dt} \qquad (3.7)\text{ 再掲}$$

この式の $\dfrac{d\omega}{dt}$ は角速度の微分である．つまり，回転数の変化する速度（角加速度）を表している．この式を変形して角加速度を積分すると回転数の変化に要する時間を求めることができる．

$$t_2 - t_1 = \int_{t_1}^{t_2} dt = \int_{\omega_1}^{\omega_2} \frac{J}{T_M - T_L} d\omega \,[\mathrm{s}] \qquad (3.23)$$

モータの発生トルク，負荷トルクおよび慣性モーメントから始動時間を求めることができる．なお，制動トルクを用いれば減速時間も計算できる．

3.6.2 減　速

始動の場合，加速のためにモータが負荷に運動エネルギを与えることになる．このエネルギは電気エネルギを運動エネルギに変換して与えている．この逆に，減速や停止の場合，負荷から運動エネルギを放出させる必要がある．減速による運動エネルギは次のように他のエネルギに変換される．

(1) 摩擦などの機械式ブレーキを利用する場合，運動エネルギはブレーキにより熱エネルギに変換される．
(2) モータを発電機として利用し，運動エネルギを電気エネルギに変換する．このとき，発生する電気エネルギ（電力）を再利用する場合を回生ブレーキと呼ぶ．また，発生した電気エネルギを抵抗に流してジュール熱に変換させる場合を電気ブレーキまたは抵抗ブレーキと呼ぶ．
(3) モータが逆方向のトルクを発生するように制御する．例えば三相モータの相順を入れ替えれば逆方向のトルクを発生するのでモータは急激に減速する．この場合，運動エネルギはすべて回転体の熱に変換される．

減速するということは，回転体からエネルギを放出するということである．回転体のもつ運動エネルギは式 (3.10) に示したように慣性モーメントに比例する．すなわち，慣性モーメントの大きい回転体は運動エネルギが大きいので，それだけ放出するエネルギも大きいことになる．

いま ω_1 から ω_2 に減速したとすればその運動エネルギの変化 ΔU_k は次のように表される．

$$\Delta U_k = \frac{1}{2} J ({\omega_1}^2 - {\omega_2}^2) \tag{3.24}$$

毎秒当たりの運動エネルギの変化から動力 P [W] が求められる．ここでいう動力とは機械式ブレーキの場合のブレーキ容量であり，回生ブレーキの場合には回生により得られる電力となる．

$$P = \frac{\Delta U_k}{dt} = J\omega \frac{d\omega}{dt} \tag{3.25}$$

なお，回生しない場合，放出するエネルギはブレーキや回転体の発熱となるので注意を要する．このときの温度上昇値はそれらの熱容量により決まる．

COLUMN

自動車の回生エネルギ

電気自動車では回生により運動エネルギを回収して再利用しています．回生により回収できる運動エネルギがどの程度であるかを計算してみます．

【自動車の走行状態】

時速 75 km/h で走行している 1 t の質量をもつ自動車が回生ブレーキにより 5 秒後に停止したとします．運動エネルギが 5 秒間にすべて電気エネルギに変換されたとします．

【回生できるエネルギの計算】

この自動車の走行中の運動エネルギ U_k は次のようになります．

$$U_k = \frac{1}{2}mv^2 = \frac{1}{2} \times 10^3 \times \left(\frac{75 \times 10^3}{60 \times 60} \right)^2 = 217 \times 10^3 \text{ J}$$

電力量 [Ws] はエネルギ [J] と等しいので，得られる電力量は 217 kWs です．電力量は一般に [kWh] で表示するので，[kWh] で示すと，

$$\text{電力量} = \frac{217 \times 10^3}{60 \times 60} = 0.06 \text{ kWh}$$

となります．この電力量は 60 W の照明を 1 時間点灯させることに相当します．このエネルギがどれくらいの熱に相当するかを計算してみましょう．

このエネルギがすべて水の加熱に使われるとすると，次の関係から温度差を求めることができます．

$$U\ (\text{加熱熱量}) = \Delta T\ (\text{温度差}) \times \text{水の比熱}(\approx 4.2\ \text{J/K}\cdot\text{g}) \times \text{水の量}(\text{g})$$

水の比熱は 1 g の水を 1°C 温度上昇させるには 4.2 J 必要であることを示しています．いま水の量を 1 リットル（=1 kg）として温度差を求めると約 52°C となります．75 km/h の走行から停止するときに放出する運動エネルギは 1 リットルの水を約 50°C 温度上昇させるだけのエネルギに相当するということです．

4 直流モータの制御

本章では，直流モータの制御について述べる．まず，直流モータの原理について説明する．続いて，等価回路を用いた平均値制御について述べる．さらに，負荷の特性を含んだ動的な等価回路を導出し，応答性も考慮した瞬時値制御について述べる．

4.1 直流モータの原理

直流モータの原理は理科の教科書でよく見かける図 4.1 により説明できる．

図において，左右にある永久磁石は固定子に取り付けられて動かないようになっている．固定子は磁界を与える界磁の役割をしている．磁石の間の内側に

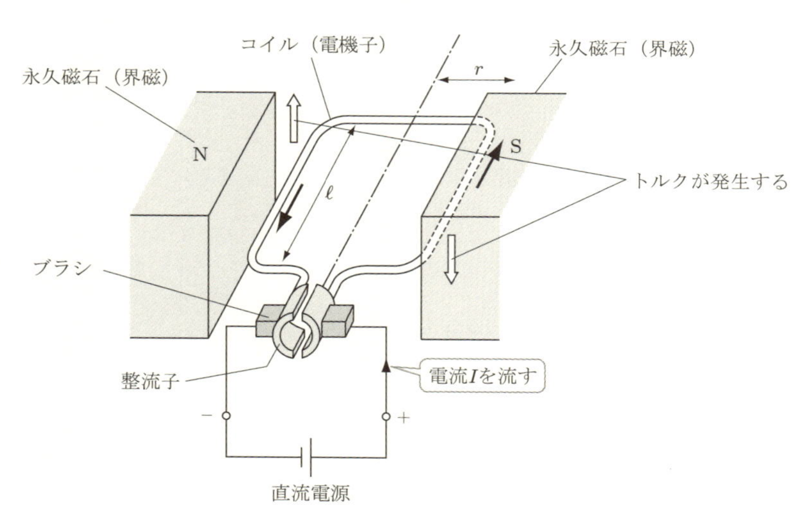

図 4.1　直流モータの原理

あるコイルは軸受けにより回転するようになっている．コイルは回転子にある．回転子はエネルギ変換を行う電機子の役割をしている．回転子のコイルは整流子と呼ばれる電極に接続されており，整流子はブラシと接触している．整流子は対応する位置のブラシに順次接触しながら回転する．ブラシは外部回路と接続される．

外部回路に直流電源を接続するとコイルの一端にはブラシを通して電源のプラス側から電流が流れ込む．永久磁石の磁界中のコイルに電流が流れるので，式 (2.1) に示した電磁力が発生する．電磁力の方向は，フレミングの左手の法則で示される方向である．

$$F = B\ell I \qquad \text{(2.1) 再掲}$$

コイルの反対側はもう一方のブラシに接続されているので，図からわかるように二つのコイルの電流は中心軸に対し互いに反対方向に流れ，直流電源のマイナス側に戻る．したがって，二つのコイルに生じる電磁力の方向は逆向きになり，コイルを回転させる方向に生じる．

回転力，すなわちトルク T は，導体に働く力 F に回転子の中心から導体までの距離，すなわち半径 r を乗じた値となる．

$$T = rF = rB\ell I \tag{4.1}$$

ここで，

$$rB\ell = K_T \tag{4.2}$$

とおくと，トルクは式 (2.4) で表されるようになる．

$$T = K_T I \qquad \text{(2.4) 再掲}$$

K_T は r，ℓ などのモータの大きさ，永久磁石の磁束密度 B により決まるモータごとの定数であり，トルク定数と呼ばれる．したがって，トルクは電流に比例すると考えてよい．

直流モータは磁界と電流が直交するような構造になっている．発生するトルクはそのいずれにも直交する方向に発生する．ベクトルで考えると，電流 I の

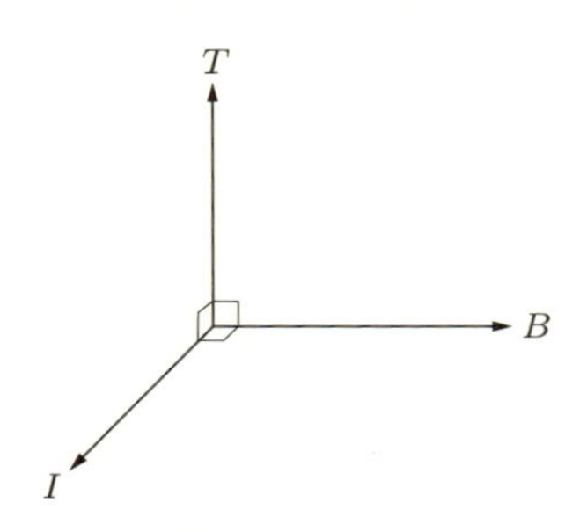

図 4.2 ベクトルで考えたときのトルクの方向

ベクトルと磁束密度 B のベクトルが直交しており，トルク T はその外積として生じているといえる．

トルクが生じるのでモータは回転する．回転するということは，界磁による磁界中をコイルが移動することになる．コイルの移動により式 (2.2) で示した起電力が生じる．起電力の方向はフレミングの右手の法則で示される方向である．

$$e = B\ell v \tag*{(2.2) 再掲}$$

コイルが回転すると，磁界に対して移動する方向が反転するので起電力の方向も反転する．コイルの反対側の整流子はもう一方のブラシに接触する．したがって，回転により生じる起電力の極性はコイルの位置により反転するが，ブラシを通して外部に現れる起電力の向きは常に同一である．

このときに生じる速度起電力は，次のように表される．

$$E = B\ell v = rB\ell\omega \tag{4.3}$$

移動速度は式 (3.8) に示した周速である．

$$v = r\omega \tag*{(3.8) 再掲}$$

ここで，

$$rB\ell = K_E \tag{4.4}$$

とおくと，速度起電力による誘起電圧は式 (2.5) で表される．

$$E = K_E \omega \qquad \text{(2.5) 再掲}$$

K_E は r，ℓ などのモータの大きさ，永久磁石の磁束密度 B により決まるモータごとの定数で，起電力定数と呼ばれる．したがって誘起電圧は回転数に比例するといえる．さらに，式 (4.2) と式 (4.4) から，$K_T = K_E$ となっていることがわかる．SI 単位系を用いると K_T と K_E は同一の数値である．モータを回転させるとトルクを生じるばかりでなく，回転による誘起電圧も生じている．

以上で述べた直流モータの基本原理は，ほとんどのモータに共通である．次章以降で述べる交流モータの制御でも，モータのモデルを直流モータとして考えられるような制御モデルを使うことが多い．

4.2　各種の直流モータ

直流モータは界磁の磁束の発生方式により分類される．界磁に磁束を発生させることを励磁という．直流モータの励磁方式を図 4.3 に示す．これまで説明した界磁に永久磁石を用いるのが永久磁石方式である．界磁にコイルを設け，別電源で励磁するのが他励方式である．電機子コイルに流す電流と同一電源を用いて界磁コイルを励磁するのが自励方式である．自励方式には結線により直巻(ちょくまき)方式，分巻(ぶんまき)方式がある．各方式の結線を図 4.4 に示す．

このうち永久磁石方式は，界磁に永久磁石を用いているため，界磁磁束が一定である．

他励方式では励磁回路に別電源を用いるので，界磁電流 I_f を変化させることにより磁束が調節可能である．界磁電流と界磁磁束は比例すると考える．するとトルクと誘起電圧は次のようになる．

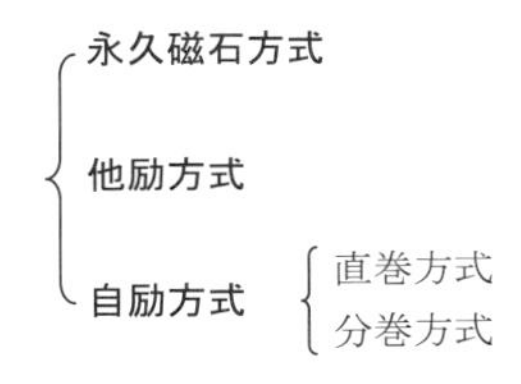

図 4.3　直流モータの励磁方式による分類

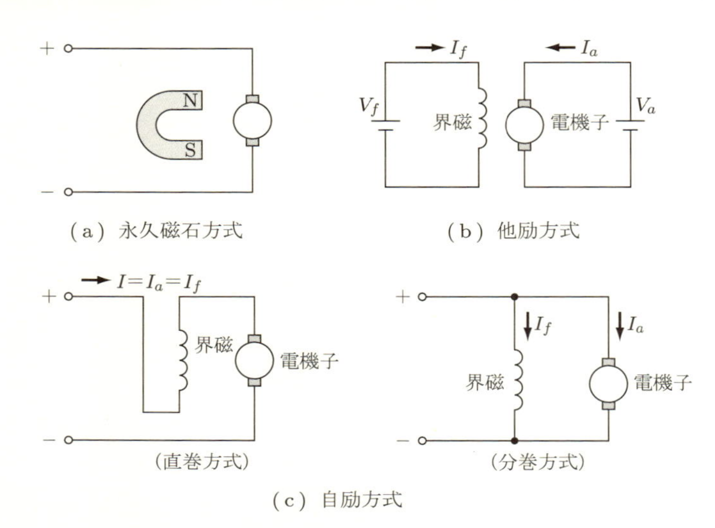

図 4.4 各種の直流モータの構成

$$T = k_1 I_f I_a \tag{4.5}$$

$$E = k_1 I_f \omega \tag{4.6}$$

トルクも誘起電圧も界磁電流により変化する．すなわち，他励方式ではトルクや誘起電圧がトルク定数，起電力定数に比例しない．しかし，制御の立場からは電機子電流 I_a だけでなく，界磁電流 I_f で磁束も制御できるモータであるといえる．界磁電流の制御により，高速回転時の弱め界磁を行うことができる．ただし，界磁電流を一定にした場合には永久磁石方式と同じように考えることができる．

直巻方式は界磁コイルと電機子コイルが直列接続されている．したがって，

$$I_f = I_a \tag{4.7}$$

である．そのため，トルクは電機子電流の 2 乗に比例する．

$$T = k_2 {I_a}^2 \tag{4.8}$$

$$E = k_2 I_a \omega \tag{4.9}$$

分巻方式は，電機子コイルと界磁コイルが並列接続されている．したがって，界磁回路の電流は電機子の電圧 V_a と界磁コイルの抵抗 R_f により決まる．

$$I_f = \frac{V_a}{R_f} \tag{4.10}$$

したがって，分巻方式のトルク，誘起電圧は次のようになる．

$$T = k_3 I_f I_a \tag{4.11}$$

$$E = k_3 I_f \omega \tag{4.12}$$

このように直流モータにはさまざまな方式があり，基本式が異なる．しかし，最近の小型モータでは永久磁石方式が多く使われている．そこで，以降は永久磁石直流モータに絞って述べてゆく．なお，永久磁石直流モータ以外の巻線型モータでも式 (2.4)，(2.5) をここに述べた式に置き換えれば制御式として使用可能である．

4.3　等価回路による平均値制御

永久磁石直流モータの等価回路を図 4.5 に示す．なお，永久磁石方式では界磁回路がないので，電圧，電流はすべて電機子回路のみに対応している．そこで，以降の記述では添え字 a は省略する．

永久磁石直流モータの等価回路は電機子コイルの抵抗 R と速度起電力による誘起電圧 E で表される．この回路の電圧方程式は次のようになる．

$$V = E + RI \tag{4.13}$$

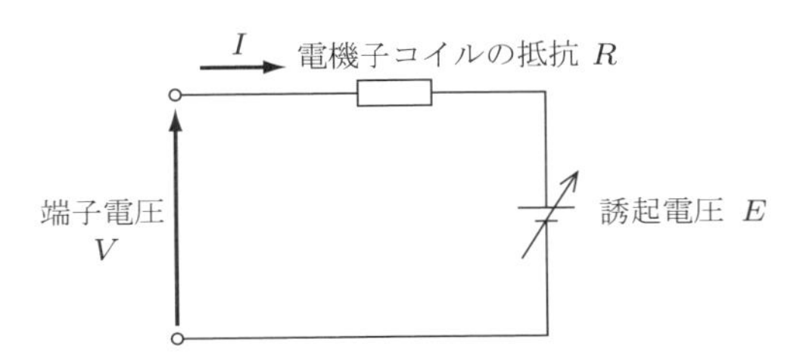

図 4.5　永久磁石直流モータの等価回路

電力を求めるために両辺に電流を掛けると次のようになる.

$$V \cdot I = E \cdot I + RI^2 \tag{4.14}$$

この式の左辺はモータへの入力電力である. 右辺第 1 項はモータの出力, 第 2 項はコイル抵抗による損失を表している.

式 (4.14) に K_T および K_E を代入し, 変形すると, トルクと電流は次のように表される.

$$T = \frac{K_T}{R}V - \frac{K_T \cdot K_E}{R}\omega \tag{4.15}$$

$$I = \frac{V - K_E\omega}{R} \tag{4.16}$$

この式を用いてモータの特性を表すと図 4.6 のようになる.

直流モータはこの特性を用いて平均値制御を行う. 図 4.6(a) に示すように, 端子電圧 V を一定に保てばトルクと回転数の関係は直線である. さらに, 端子電圧を $V_1 \to V_2 \to V_3$ のように変化させるとトルクの直線が平行に移動する. すなわち, 端子電圧を高くすれば高速, 高トルクの運転が可能になる.

図 (b) には電流と回転数の関係を示す. 電流の増加によりコイル抵抗による電圧降下が増加して回転数が低下する. 電流をゼロと考えたときを無負荷運転状態と考えるとする. このときの速度を無負荷回転数 ω_0 と呼ぶ.

$$\omega_0 = \frac{V}{K_E} \tag{4.17}$$

無負荷とはモータが空転している状態であり, 無負荷回転数は電圧に比例する.

また, 図 (c) には電流とトルクの関係を示す. トルクは電流に比例する.

このように, 永久磁石直流モータは無負荷回転数が電圧に比例し, トルクが電流に比例するという性質をもっている. このため直流電圧を調節するだけでトルクや回転数を制御することができる.

しかしながら, 等価回路には回転数は含まれておらず, トルクや回転数を等価回路により制御するためには, 回転数を与えて制御式を計算しなくてはならない.

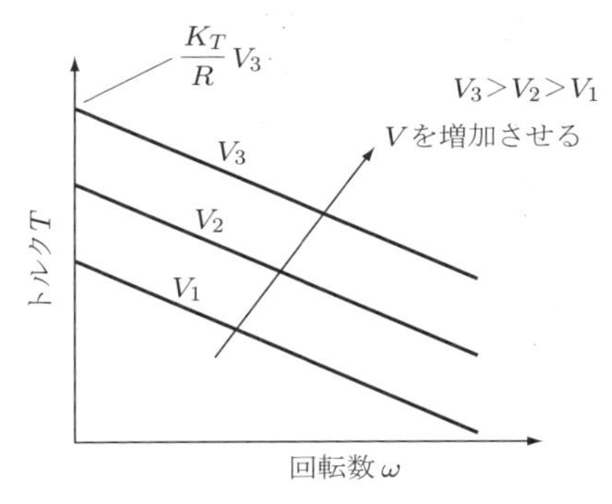

（a）回転数-トルク特性

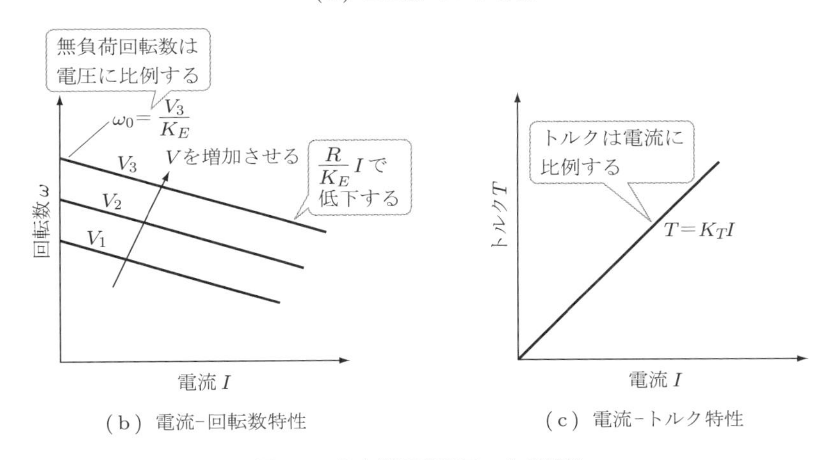

（b）電流-回転数特性　　（c）電流-トルク特性

図 4.6　永久磁石直流モータの特性

4.4　直流モータの瞬時値等価回路

直流モータを瞬時値制御するためには等価回路で電気的な過渡現象を表せるようにしなくてはならない．そこで，図 4.5 で示した等価回路に電機子コイルのインダクタンス L を追加する．精密にモデル化するためにはブラシと整流子の接触抵抗による電圧降下も考慮する必要がある†．ここではブラシによる電圧降下も合わせて抵抗 R とする．また，速度起電力は回転数に電圧が比例する直流電源と考える．したがって等価回路は図 4.7 のようになる．この等価回

† ブラシの電圧降下は材質と電流密度により変化する．通常は 1 V 以下の値である．

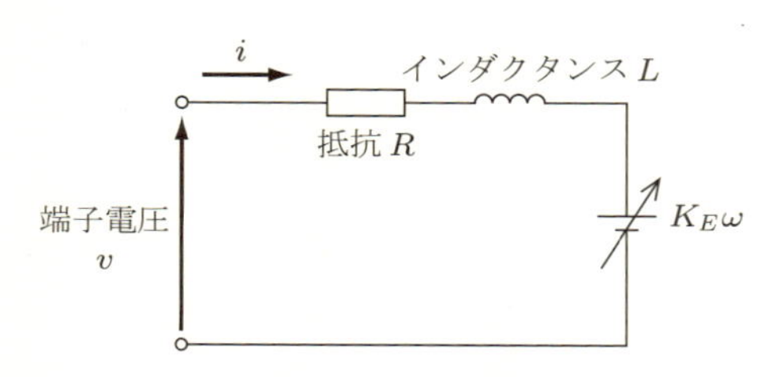

図 4.7　直流モータの瞬時値等価回路

路は瞬時値を扱うので，電圧，電流などは一定値ではなく時間的に変化する．そこで，時間の関数であることを示すために記号には小文字を用いている．正確に記載すると，$v = v(t)$, $i = i(t)$ である．

図 4.7 に示した等価回路の電圧方程式は次のようになる．

$$v = Ri + L\frac{di}{dt} + K_E\omega \tag{4.18}$$

この式には回転数に比例して電圧が変化する直流電源 $K_E\omega$ が含まれてしまい，制御式としてはそのまま使えない．また，モータの回転の変化が回路には等価には表されていない．そこで，式 (3.6) で表したモータ回転子の慣性モーメント J_M を導入する．

$$T = J_M\frac{d\omega}{dt} \qquad \text{(3.6) 再掲}$$

式 (3.6) に $T = K_T i$ を代入すると次のようになる．

$$\frac{d\omega}{dt} = \frac{K_T}{J_M}i \tag{4.19}$$

この式は微分形式なので，積分すると次のように表すことができる．

$$\omega = \frac{K_T}{J_M}\int_0^t idt \tag{4.20}$$

ここまでの結果を式 (4.18) の電圧方程式に代入すると次のようになる．

$$v = Ri + L\frac{di}{dt} + \frac{K_E K_T}{J_M}\int_0^t idt \tag{4.21}$$

式 (4.21) の第 3 項は回転数に比例して変化する誘起電圧を表す項である．したがって，誘起電圧は次のように表されることになる．

$$K_E\omega = \frac{K_T K_E}{J_M}\int_0^t i dt \tag{4.22}$$

この式の係数を次のように表してみる．

$$\frac{J_M}{K_T K_E} = C \tag{4.23}$$

すると誘起電圧の項は

$$K_E\omega = \frac{1}{C}\int_0^t i dt \tag{4.24}$$

という形式で書くことができる．これはコンデンサの電圧，電流の関係を表す式である．したがって，電圧方程式を次のように表すことができるようになる．

$$v = Ri + L\frac{di}{dt} + \frac{1}{C}\int_0^t i dt \tag{4.25}$$

つまり，誘起電圧は等価なコンデンサとして表すことができるのである．この電圧方程式を等価回路で表すと図 4.8 のようになる．なお，回転数により変化する誘起電圧を e とする．

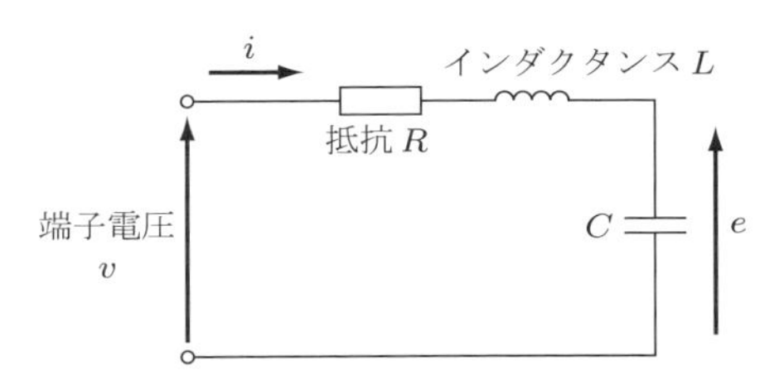

図 4.8 永久磁石直流モータの電気回路表現

直流モータは回転子の慣性モーメントを考慮すると，RLC の直列回路であると考えることができる．これにより回転の変化中の特性も等価回路により扱うことができるようになる．

4.5 負荷を考慮した直流モータの瞬時値等価回路

これまで述べたてきたのは直流モータ単体の等価回路である．つまり，モータに負荷を接続せずに無負荷で運転している状態を考えている．通常，モータを使う場合にはモータ軸に負荷が接続されているはずである．モータを制御するには接続されている負荷もあわせて考える必要がある．

負荷に接続されたモータの運動方程式を次のように考える．

$$T - T_L = (J_M + J_L)\frac{d\omega}{dt} + D\omega \qquad (4.26)$$

この式の右辺には負荷の慣性モーメント J_L による回転数の変化，および負荷の粘性抵抗による摩擦トルク $T_f = D\omega$ を考慮している．なお，ここでは負荷にはねじりトルクはないものとして考える．

負荷の慣性モーメント J_L と，モータの回転子の慣性モーメント J_M が接続された場合の合成慣性モーメントはそれらの和で表される．

$$J = J_M + J_L \qquad (4.27)$$

したがって負荷の慣性モーメントを考慮に入れるには，式 (4.23) に示す C の大きさとして合成慣性モーメント J を用いればよく，次のようにすればよい．

$$\frac{J}{K_T K_E} = C \qquad (4.28)$$

なお，モータと負荷を分けて考えたい場合には，

$$\frac{J_M}{K_T K_E} = C_M, \quad \frac{J_L}{K_T K_E} = C_L \qquad (4.29)$$

という二つのコンデンサが並列接続されていると考えればよい．

粘性抵抗負荷は式 (3.20) に示したようにトルクが回転数に比例する．

$$T_f = D\omega \qquad (3.20) \text{ 再掲}$$

この式をトルク定数 K_T を使って次のような形式にできるかを考えてみる．

$$T_f = K_T i_D \qquad (4.30)$$

ここで導入した i_D は粘性抵抗に打ち勝つために消費する電流と考える．式(4.30) を使うと，

$$\omega = \frac{T_f}{D} = \frac{K_T}{D} i_D \tag{4.31}$$

となるので，

$$i_D = \frac{D}{K_T} \omega \tag{4.32}$$

となる．ここで，

$$R_D = \frac{K_E K_T}{D} \tag{4.33}$$

とおく．R_D により誘起電圧 e を表すと次のようになる．

$$R_D i_D = \frac{K_E K_T}{D} \cdot \frac{D}{K_T} \omega = K_E \omega = e \tag{4.34}$$

抵抗による電圧降下が誘起電圧と等しいということは，粘性抵抗負荷 R_D という抵抗は誘起電圧と並列であると考えることができる．

以上を合わせると，負荷を考慮した直流モータのシステムは図 4.9 に示すような等価回路で表すことができる．

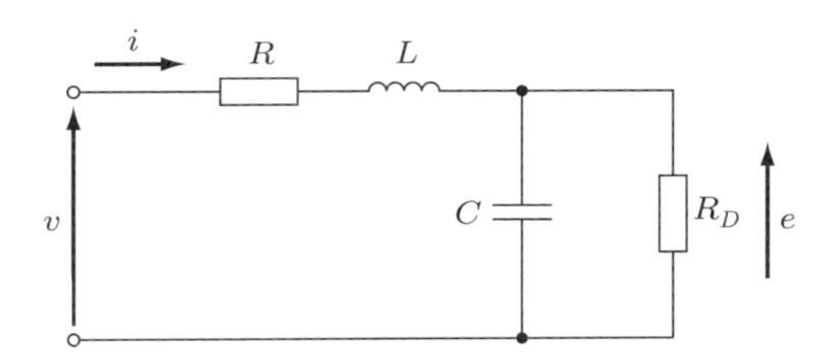

図 4.9　負荷を含んだ直流モータの等価回路

4.6　直流モータの瞬時値制御モデル

ここまで直流モータの解析を行い，負荷を含めた直流モータの動作を数式および等価回路で表すことができた．これまで求めた直流モータの数式モデルをまとめて示す．

電気回路モデル

$$\left.\begin{aligned} v &= Ri + L\frac{di}{dt} + e \\ e &= K_E\omega \end{aligned}\right\} \tag{4.35}$$

運動モデル

$$\left.\begin{aligned} T_M - T_L &= J\frac{d\omega}{dt} + D\omega \\ T_M &= K_T i \end{aligned}\right\} \tag{4.36}$$

これらの式は微分方程式であり，近似的に解を計算することは可能である．しかし，制御のために時々刻々とリアルタイムで瞬時値を計算するにはふさわしい形ではない．

瞬時値を制御するためには数式モデルをラプラス変換して用いる．ラプラス変換すれば微分は掛け算となり，積分は割り算となる．したがってリアルタイム演算に向くような形式となる．

式 (4.35)，(4.36) で示した数式モデルをラプラス変換で表すと次のようになる．

$$\begin{aligned} V(s) &= RI(s) + sLI(s) + E(s) \\ E(s) &= K_E\Omega(s) \\ T_M(s) - T_L(s) &= sJ\Omega(s) + D\Omega(s) \\ T_M(s) &= K_T I(s) \end{aligned} \tag{4.37}$$

なお，大文字で記載された s の関数はラプラス変換されていることを示している．例えば次のように表している．

$$\mathcal{L}[v(t)] = V(s) \tag{4.38}$$

ラプラス変換された四つの基本式 (4.37) の相互関係をブロック線図で表すと図 4.10 のようになる．このブロック線図は電圧が入力で，回転数が出力である．このブロック線図を使えば直流モータのトルク，回転数などを電圧を調節することにより瞬時値制御できる．

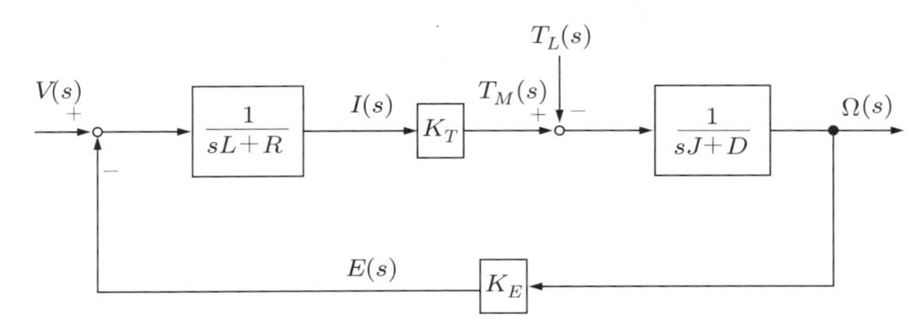

図 4.10　直流モータの制御ブロック線図

このブロック線図を等価変換すると，図 4.11 のような一つのブロックに表すことができる．

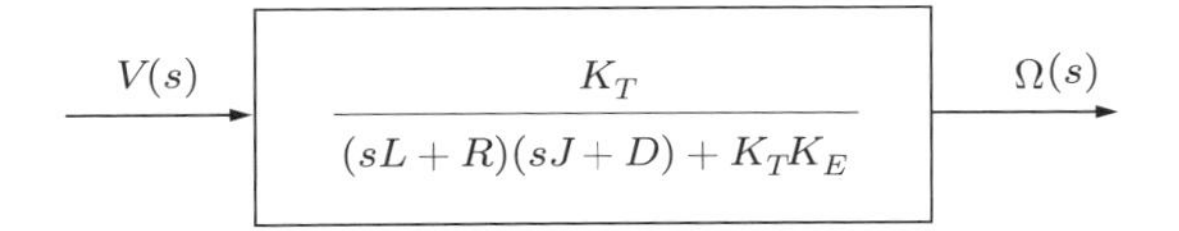

図 4.11　直流モータの伝達関数

ブロック内に示されているのは入力と出力の関係を示す伝達関数である．伝達関数 $G(s)$ は次のように表される．

$$G(s) = \frac{\Omega(s)}{V(s)} = \frac{K_T}{(sL+R)(sJ+D)+K_TK_E} \tag{4.39}$$

このような伝達関数で表される制御系は s^2 を分母にもつので 2 次遅れ系と呼ばれる．2 次遅れ系は応答が振動することがあるので，制御系として応答特性，安定性などを考慮する必要がある．

なお，式 (4.39) で表した伝達関数の応答を制御系の時定数として表す場合がある．しかし，モータの制御にあたっては制御系全体の時定数ではなく，電気的時定数と機械的時定数に分けて考える．

電気的時定数 τ_E は次のように表される．

$$\tau_E = \frac{L}{R} \tag{4.40}$$

電気的時定数はインダクタンスが小さいほど小さくなる．電流や電圧を PWM

制御する場合，パルスの周期は電気的時定数を考慮する必要がある．

一方，機械的時定数は次のように表される．

$$\tau_M = \frac{JR}{K_T K_E} \tag{4.41}$$

機械的時定数はモータの回転の立ち上がりを表している．ステップ状に電圧を入力したとき，目標回転数に到達するまでの時間の 63% を表している．両者を比較すると電気的時定数ははるかに小さいので，モータの回転の変化を考慮する場合，電気的時定数は無視することが多い．

以上，直流モータの制御について負荷も組み合わせて説明した．次章以降で述べてゆく他の形式のモータでも，制御にあたっては直流モータと同様にトルク定数を使うモデルにより，等価直流モータとして制御系に組み込まれることが多い．

パワーエレクトロニクスが発展する前は，交流電力を制御することは難しく，交流モータを制御することはあまり行われなかった．一方，直流電圧の制御は直流発電機の調整で行えるので制御用のモータとして直流モータが位置づけられ，広く使われていた．現在はパワーエレクトロニクスが発展し，交流電力の制御も容易であること，および直流モータはブラシの諸問題があることから，小型モータを除いて使われる機会は少なくなってきている．

しかし，モータ制御の考え方の基本は直流モータである．直流モータの制御の考え方はモータ制御を考えるにあたっては不可欠である．

5 誘導モータの平均値制御

本章では，交流モータとしてよく使われる誘導モータを取り上げ，誘導モータの平均値制御について述べる．誘導モータは動力源として広く使われてきた．パワーエレクトロニクスの進歩により，誘導モータは回転数制御されることが多くなってきている．そこで，ここではインバータによる誘導モータの平均値制御について説明する．なお，最近はインバータにより平均値制御を行っても瞬時値制御に近い高精度の制御も行えるようになってきている．

5.1 誘導モータの原理と構造

誘導モータは，回転磁界を作るためのコイルが配置された固定子と，誘導電流を流すための導体が配置された回転子から構成される．

固定子はリング状の鉄心とコイルで構成されている．鉄心の内側にはスロットと呼ばれる溝があり，スロット中に三相コイルが収められている．鉄心は薄板を積層して作られている．渦電流は軸方向に流れやすいため，渦電流が流れる領域を極力狭くするために薄板を使用している．

回転子は鉄心とかご型導体で構成される．図 5.1 に示すように薄板を積層して構成した回転子の鉄心内部にバーとエンドリングで構成されたかご型導体が配置されている†．回転軸と平行なバーはエンドリングにより両端で短絡されている．

固定子の三相コイルに三相交流電流を流すと回転磁界が発生する．磁界が回転して移動するので，静止している回転子の導体は磁界に対して相対的に移動していることになる．その結果，回転子導体に式 (2.2) で示す誘導起電力が発

† 回転子の巻線にはコイルを用いる場合もあるが中小容量ではかご型が使われる．本書ではかご型のみを取り上げる．

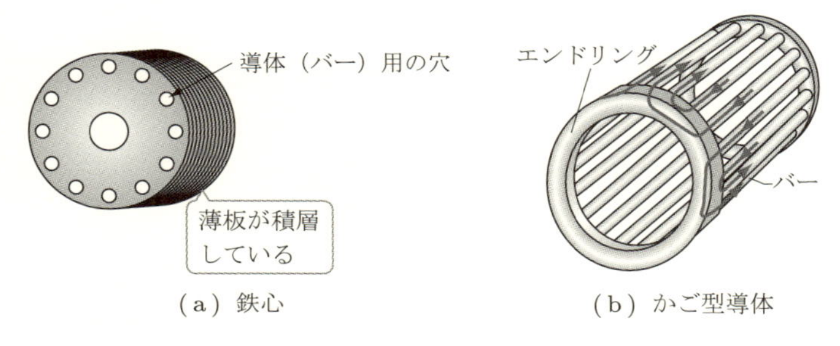

（a）鉄心　（b）かご型導体

図 5.1　誘導モータの回転子構成

生する．回転子導体は短絡されているので，起電力により導体内に循環電流が流れる．回転子導体に誘導された電流と固定子の回転磁界により式 (2.1) で示す電磁力が発生し，トルクを生じる．これが誘導モータの原理である．

いま，回転磁界により固定子コイルに鎖交する磁束が次のように表されるとする．

$$\psi_s = \psi_m \sin \omega t \tag{5.1}$$

このとき，固定子コイルに生じる誘導起電力は次のようになる．

$$e_s = N_s \frac{d\psi_s}{dt} \tag{5.2}$$

ここで，N_s は固定子コイルの巻数である．

微分すると次のようになる．

$$e_s = 2\pi f N_s \psi_m \cos \omega t \tag{5.3}$$

回転磁界の回転数は式 (2.7) に示したが，これを毎秒回転数に変換したものを $n_0\,[\mathrm{s}^{-1}]$ とする．いま，回転子が停止しているとする．このとき，回転磁界は回転子に対して $n_0\,[\mathrm{s}^{-1}]$ で移動している．そのため，相互誘導により回転子導体に起電力が誘導される．

$$e_{r0} = 2\pi f N_r \psi_m \cos \omega t \tag{5.4}$$

ここで，N_r はコイルの巻数に相当する回転子の導体数である．実効値換算すると次のようになる．

$$E_{r0} = 4.44 f N_r \psi_m \tag{5.5}$$

式 (5.5) は回転子が停止しているときの回転子導体に生じる誘導起電力の実効値を示している．この起電力により回転子導体には電流が流れる．

次に，回転子が回転している状態を考える．回転子の回転数 n_r が回転磁界の回転数 n_0 より低いとすると，回転子と回転磁界の相対速度は次のように表される．

$$n_0 - n_r = s n_0 \tag{5.6}$$

s を滑りと呼び，次のように定義する．

$$s = \frac{n_0 - n_r}{n_0} \tag{5.7}$$

回転中の回転子導体には次のような誘導起電力が生じる．

$$e_r = 2\pi s f N_r \psi_m \cos \omega t \tag{5.8}$$

実効値で表すと次のようになる．

$$E_r = 4.44 s f N_r \psi_m = s E_{r0} \tag{5.9}$$

この式は回転中の誘導起電力は停止しているときの誘導起電力の s 倍になることを表している．さらに，このときの誘導起電力により回転子導体に流れる電流の周波数は回転磁界を作る交流電流の周波数ではなく，

$$f_r = s f \tag{5.10}$$

となる．

誘導モータは回転磁界と回転子の機械的な回転数に差がないとトルクが発生しない．誘導モータの回転数は次のように表される．

$$N = \frac{120 \cdot f}{P}(1 - s) \tag{5.11}$$

ここで，N は回転子の機械的な毎分回転数 [min^{-1}]，f は回転磁界の周波数（電源周波数）[Hz]，P は極数，s は滑りである．

5.2　誘導モータの特性

誘導モータは，滑り s を導入することにより図 5.2 のような等価回路を用いて各種の特性を計算することができる．

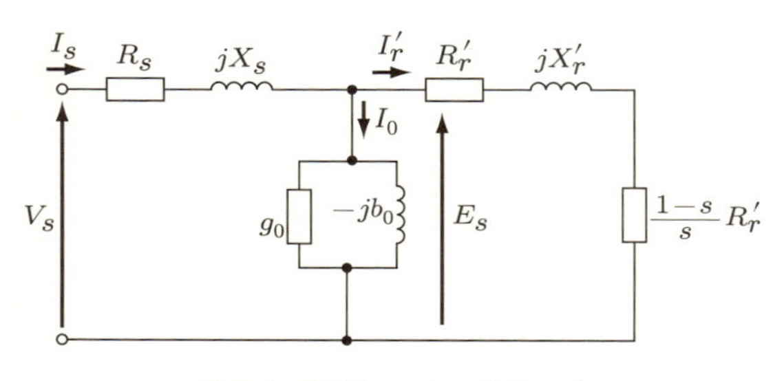

図 5.2　誘導モータの等価回路

ここで，下記のように記号を使っている†．

V_s：相電圧
I_s：線電流
I_0：励磁電流
I_r'：回転子電流の固定子側換算値
E_s：固定子誘導起電力
R_s：固定子コイルの巻線抵抗
R_r'：回転子導体の抵抗の固定子側換算値
X_s：固定子コイルの漏れリアクタンス
X_r'：回転子導体の漏れリアクタンスの固定子側換算値
g_0：鉄損コンダクタンス
b_0：励磁サセプタンス

† 通常の表記では固定子諸量に添え字 1，回転子諸量に添え字 2 を使い，1 次側，2 次側と呼ぶことが多い．

この等価回路では可変抵抗 $\dfrac{1-s}{s}R'_r$ が消費する電力をモータの機械的出力として表している．等価回路定数を用いてトルク T を表すと次のようになる．

$$T = {V_s}^2 \frac{3}{\omega_0} \cdot \frac{\dfrac{R'_r}{s}}{\left(R_s + \dfrac{R'_r}{s}\right)^2 + (X_s + X'_r)^2} \tag{5.12}$$

このときの滑り s に対するトルク特性を図 5.3 に示す．滑りは回転数に対応するので横軸は回転数と考えてもよい．

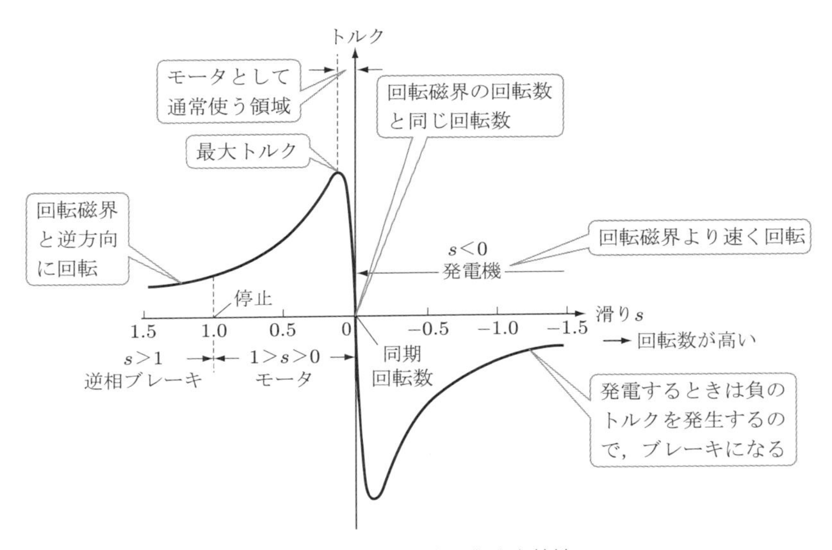

図 5.3 誘導モータのトルク特性

図 5.3 について説明する．モータの停止状態は $s=1$ の状態である．この点は回転数がゼロで停止状態を表している．右側ほど回転数が高い状態である．中央の滑り $s=0$ の点は，誘導モータが無負荷で回転している状態である．このときはトルクがゼロである．この回転数を同期回転数 N_0 と呼ぶ．同期回転数は回転磁界の回転数と同一であり，式 (2.7) により表される．

$$N_0 = \frac{120f}{P} \qquad \text{(2.7) 再掲}$$

滑りが $0 < s < 1$ の領域が，モータとして動作する領域である．それ以上の回転数になると滑りが負（$s < 0$）となる．この領域では発電機として動作する．

ここから，モータとして使用する領域（$0 < s \ll 1$）について説明する．同期回転数では滑り s はゼロであり，同期回転数から最大トルクの間はトルクは滑りにほぼ比例すると考えてよい．最大トルク発生時の滑りは通常，0.2（20%）程度であり，運転中の滑りはそれ以下の小さな値である．

誘導モータの回転数 N は式 (5.11) により表される．電圧，周波数が一定であれば，負荷トルクが変化しても，滑り s が変化するだけである．つまり，回転数は滑りの範囲でわずかに変化するだけである．負荷や電圧の変動があってもほぼ一定の回転数で運転できるのが誘導モータの大きな特徴である．誘導モータのこの性質を利用して動力源として使われることが多い．

誘導モータの特性を示す場合，最大トルク以下の滑りが小さな領域のみを負荷特性として表すことが多い．負荷特性はモータ出力に対応して図 5.4 のように表される．

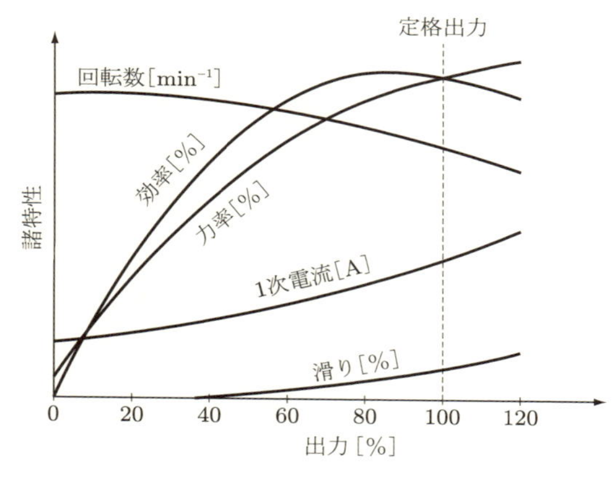

図 5.4　誘導モータの負荷特性

5.3　誘導モータの回転数制御

誘導モータの回転数 N を表す式 (5.11) の各項目が回転数に直接影響する．つまり，それぞれの項目を調節すれば回転数を制御できる．式 (5.11) を構成する，極数，滑り，周波数の変更による回転数制御について述べてゆく．

5.3.1　極数 P を変更する

固定子コイルの極数はモータ製造時の巻線方法により決まってしまう．そこで，あらかじめ極数を変更できるようなコイルを巻き，外部から接続を変更することにより極数が変更できるようにする．このようなモータを極数変換モータという．極数比に応じて回転数の調節が可能である．ただし，それぞれの極数で滑りが異なるので，回転数比は正確に極数比とはならない．2 段階に回転数を切り替えるだけでよいような用途であれば実用的な方式である．

図 5.5 には極数変換モータの極数切り替え回路を示す．図において S_1 を閉，

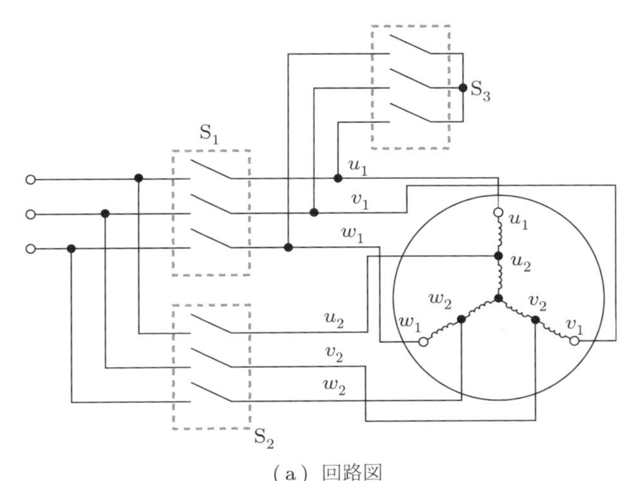

（a）回路図

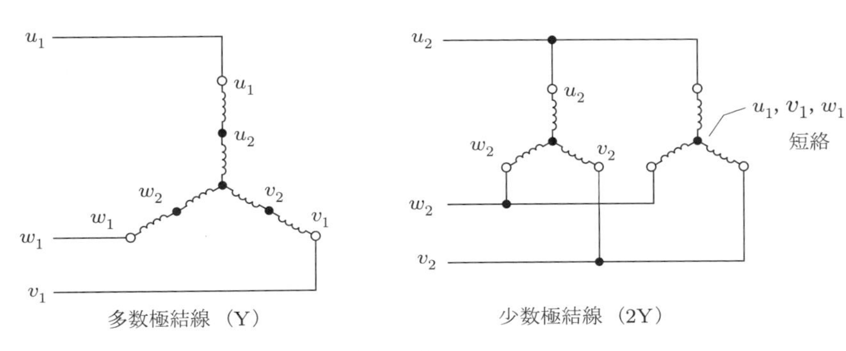

（b）巻線図

図 5.5　極数変換モータ

S_2, S_3 を開とすれば Y 結線の多数極となる．逆に，S_1 を開，S_2, S_3 を閉とすれば 2Y 結線となり，少数極の並列回路となる．この例では 2 極と 4 極の切り替えを例にしている．また，そのときのトルク特性の例を図 5.6 に示す．実用上は 3 : 4 などの極数比も用いられている．

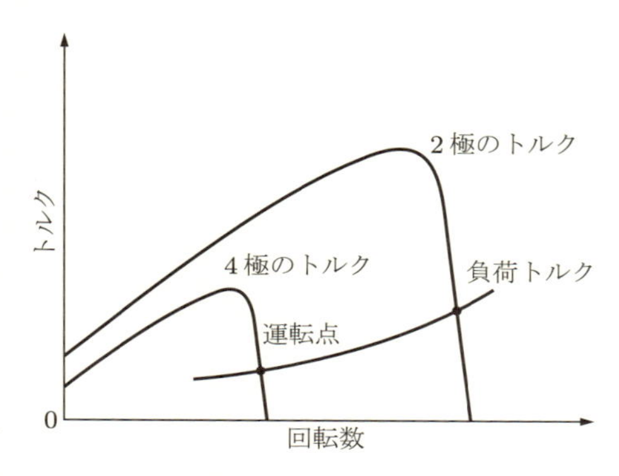

図 5.6　極数変換モータのトルク（2 極・4 極）

5.3.2　滑り s を変更する

誘導モータの滑りはトルクにほぼ比例する．ただし，電圧が一定という条件の下である．一方，式 (5.12) ではトルクは電圧の 2 乗に比例している．つまり，電圧を変更すればトルクが変化する．図 5.7 に示すように電圧を下げてゆ

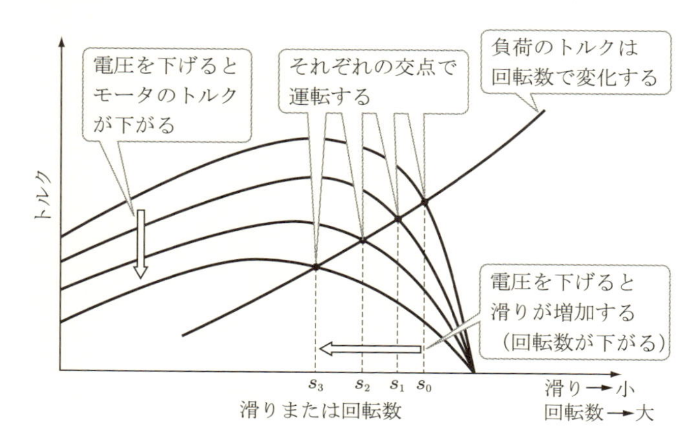

図 5.7　電圧制御したときのトルクの変化

くとモータのトルクが低下する．いま，モータが駆動している負荷のトルクが図のように回転数に応じて変化しているとする．このとき，第3章で述べたようにモータのトルク曲線と負荷のトルク曲線の交点となる回転数で運転する．

モータの固定子端子に印加する電圧 V_s を低下させれば，滑りは $s_0 \to s_1 \to s_2 \to s_3$ と増加してゆく．つまり，滑りが大きくなってゆくので回転数制御が可能である．実際に電圧を調節するには，交流電圧を制御する必要があるので，サイリスタを使った電圧調整装置などを用いる．

また，モータのコイルにあらかじめ中間タップを設けておけば，巻数を変更することになるので電圧変更と同じ効果が得られる．

5.3.3 周波数 f を変更する

電源周波数を変更すれば，周波数に比例して回転数が制御できる．図 5.2 の等価回路において，固定子誘導起電力 E_s は式 (5.3) で示したように周波数に比例して変化する．等価回路の固定子誘導起電力 E_s は鎖交磁束により誘導されて生じる．そこで，磁束鎖交数と周波数の関係を次のように考える．

$$\psi_m = \frac{1}{4.44N_s} \cdot \frac{E_s}{f} \tag{5.13}$$

周波数を変化させたとき，誘導起電力も変化させて，その比 E_s/f が一定になるように周波数を変更すれば，磁束鎖交数は変化しない．誘導起電力 E_s はモータ内部の量であり，モータの運転中に測定することはできない．図 5.2 の

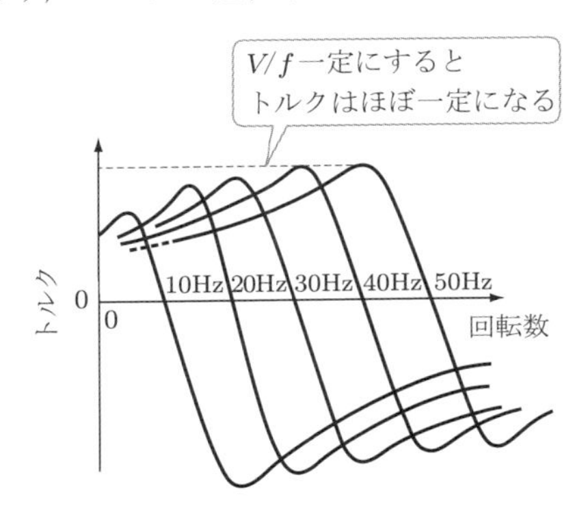

図 5.8 V/f 一定制御したときの誘導モータのトルク

等価回路に示すように V_s と E_s の差は，R_s と jX_s による電圧降下である．この電圧降下が無視できると考えれば，$E_s \approx V_s$ である．したがって，固定子印加電圧 V_s の振幅と周波数の比 V/f を一定にすれば周波数を変更しても磁束がほぼ一定になる．図 5.8 に示すのは，V/f 一定で周波数を変化させたときの誘導モータの発生トルクである．これを V/f 一定制御と呼ぶ．

5.4　誘導モータの V/f 一定制御

誘導モータの回転数をインバータで制御するシステムは VVVF (Variable Voltage Variable Frequency) システムと呼ばれる†．VVVF システムの回転数に対する電圧とトルクの特性を図 5.9 に示す．

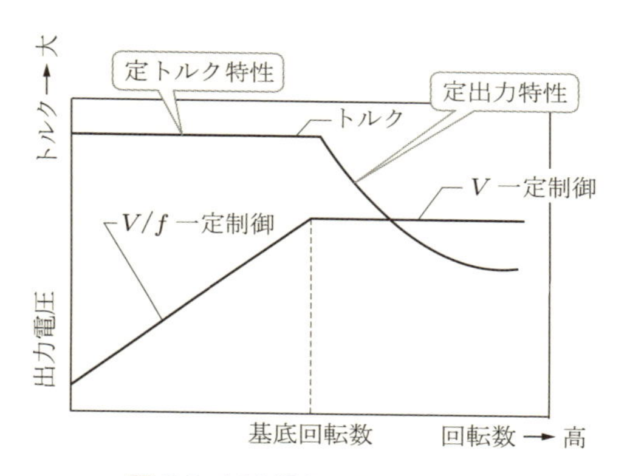

図 5.9　VVVF システムのトルク

図において，基底回転数以下は V/f 一定制御，基底回転数以上では V 一定制御を行っている．基底回転数とは誘導モータを定格周波数，定格電圧で駆動するときの回転数である．つまり，基底回転数とは商用電源で駆動するときの回転数と考えればよい．図 5.10 に示すように商用電源に接続されたインバータを考える．商用電源が実効値 200 V とすると，インバータ内部の直流電圧の

† 英語では ASD (Adjustable Speed Drive) または VSD (Variable Speed Drive) と呼ばれることもある．

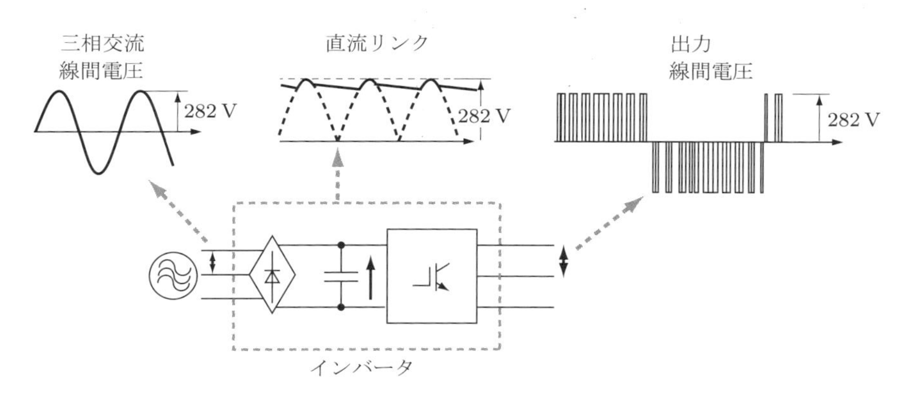

図 5.10　インバータの入出力電圧

最大値は 282 V[†]である．インバータの制御の原理からインバータはそれ以上の波高値の電圧は出力できない．したがって，出力電圧が上限となる基底回転数以上では電圧を一定として周波数のみ調節することになる．

誘導モータの VVVF 制御は，基底回転数以下では定トルク特性となり，基底回転数以上では定出力特性となる．定出力特性とは弱め界磁と呼ばれる運転状態である．このような弱め界磁運転はモータを定格回転数以上で高速回転させるために導入する．しかし，誘導モータは電圧を一定に保つだけで弱め界磁したことになる．

ここで図 5.8 をもう一度よく見てみると，V/f 一定制御した誘導モータの最大トルクは低周波数のときは小さくなっている．これは端子電圧 V_s を制御しているためである．

これは，V/f 一定制御の前提として $E_s \approx V_s$ と仮定したことにより生じている．図 5.2 の等価回路でモータ電流 I_s が流れているとすると，$I_s(R_s + jX_s)$ の電圧降下が生じる．このため E_s は端子電圧 V_s よりも低い．V/f 一定制御において，低周波数では V_s は低くなるが，周波数が変化しても電流 I_s はあまり変化しない．つまり周波数が低いときには R_s と jX_s による電圧降下の V_s に対する比率が大きくなる．そのため，低周波では E_s が下がり，磁束が減少

† 実用的には整流回路の特性から交流電圧の波高値ではなく平均値を考えたほうが良い．交流実効値の約 0.9 倍が直流電圧となる．

するのでトルクが小さくなってしまう．

そこで，V/f 一定制御とは言っても V/f パターンを使用状況に応じて変更する．定トルク負荷のように低速でも負荷トルクが大きい場合，図 5.11 に示すようにトルクブーストと呼ばれる制御を行う．このように低周波数域で電圧を高く設定することにより電圧降下が補償できるので，磁束を一定に保つことができる．トルクブーストにより始動トルクも増加する．ある始動トルクを確保するとしてトルクブーストした場合，図 5.11 のように各種の V/f パターンが考えられる．

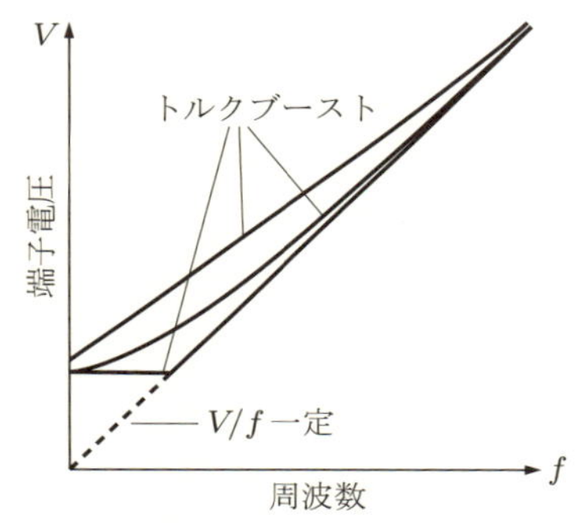

図 5.11　トルクブースト制御

一方，2 乗トルク負荷の場合，負荷トルクは回転数の 2 乗に比例する．このような場合，低回転では負荷トルクが小さいので電流も小さくなり，$I_s(R_s+jX_s)$ による電圧降下も小さい．さらに，誘導モータの特性は，定格電流に対してあ

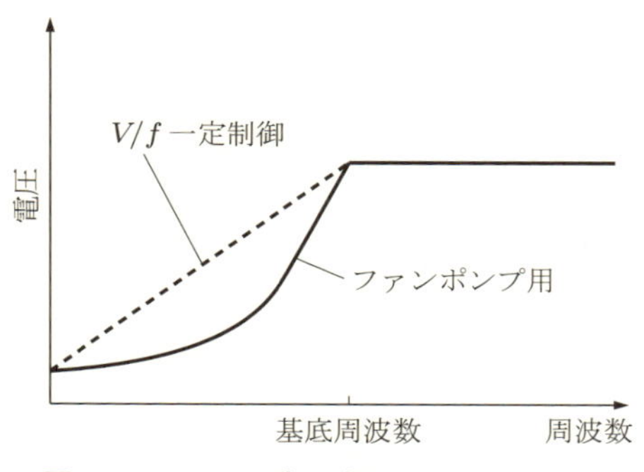

図 5.12　ファンポンプ用の V/f パターン

まり小さい電流で運転すると力率が低下し，無効電流が増えてくる．そのため損失が増加し，効率が低下する．そこで，V/f 一定でなく，低周波数では発生トルクが小さくなるように電圧を低めにする．このようにすれば低周波数で運転してもモータの効率を高く保つことができる．ファンポンプ用と呼ばれる V/f パターンを図 5.12 に示す．

5.5 加速，減速の制御

VVVF 制御や V/f 一定制御で誘導モータを制御する場合，回転数を変化させる速度を考える必要がある．第 3 章で述べたように，モータの加速度はモータの発生トルクと負荷の必要トルクの差で表される．

$$T_M - T_L = J\frac{d\omega}{dt} \tag{3.7 再掲}$$

すなわち，加速させたい場合，モータの発生トルクを大きくする必要がある．直流モータの場合，トルクは電流に比例するので，電流を大きくすれば加速トルクが大きくなる．しかし，交流モータの場合，トルクだけでなく周波数も増加させる必要がある．このとき，誘導モータの動きを考える必要がある．いま，V/f 一定制御のインバータで誘導モータを駆動し，モータには定トルク負荷が接続されているとする．このとき，運転周波数を図 5.14(a) に示すように f_1 から f_2 にステップ状に変化させたとする．電圧は V/f 一定になるように f_2 に対応して変化する．このときのモータのトルクを図 5.13 に示す．

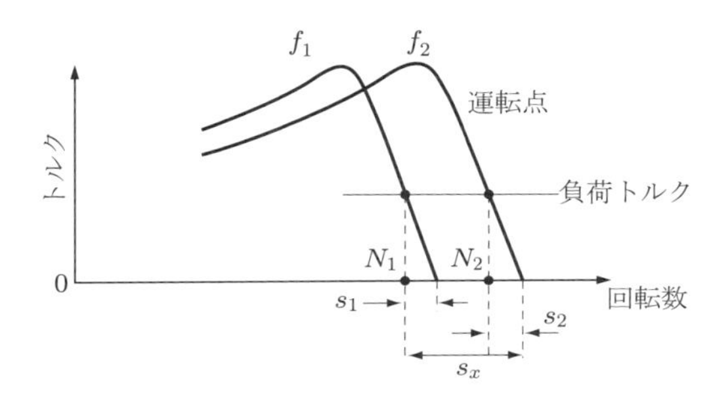

図 5.13　加速時のモータトルク

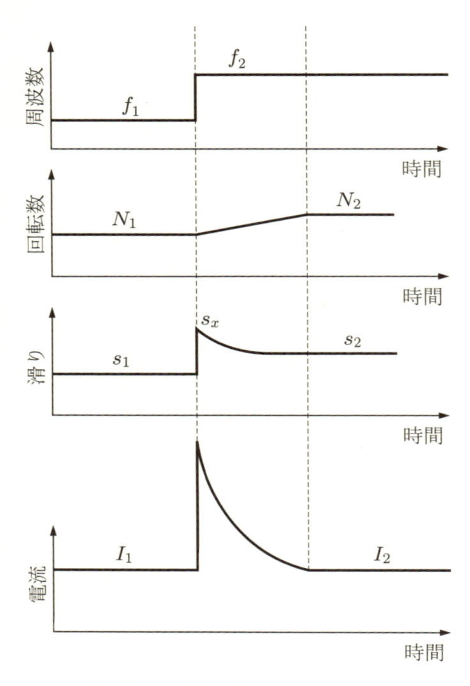

図 5.14　周波数急増時の滑りと電流

図 5.13 において，周波数 f_1 で運転しているときの回転数を N_1 とする．そのときの滑りは s_1 である．このとき，インバータの周波数が f_2 にステップ状に変化すると，その瞬間には滑りは f_2 の同期速度に対する差となるので，滑りは s_x に瞬間的に増加する．誘導モータのトルクは滑りに比例するので瞬時に発生トルクが大きくなり加速する．加速に伴い滑りが徐々に小さくなり，モータトルクと負荷トルクが等しくなる滑り s_2 で安定運転する．このとき，電流も滑りに比例して増加するので，その時間的変化は図 5.14 に示すようになる．

図からわかるように周波数変更により瞬間的に電流が大きくなる．加速により滑りが低下するに従い電流は小さくなる．この場合，定トルク負荷を駆動していると考えているので，加速後の電流も $I_2 \approx I_1$ となる．加速時の瞬間的な大電流はインバータの電流容量によっては過電流トリップとなる可能性がある．電流のピーク値は駆動しているモータの特性により決まる．また，過電流の継続時間は駆動している負荷を含めた回転運動系の加速時間により決まる．

過電流現象を防ぐためには，インバータで駆動する際には周波数を急変させず，加速時間（Hz/s）を決めて，ゆっくり加速する必要がある．加速時間を考慮する必要性は始動時にも当てはまり，一般的にはソフトスタートを行う．

一方，減速時にもモータの動作を考える必要がある．減速時のモータトルクを図 5.15 に示す．

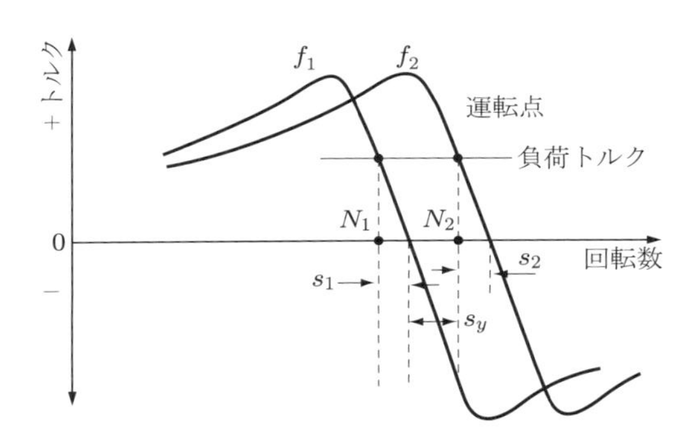

図 5.15　減速時のモータトルク

図において，周波数 f_2 で運転しているときの回転数は N_2 である．そのときの滑りは s_2 である．このとき，インバータの周波数が f_2 から f_1 にステップ状に変化したとすると，その瞬間に，回転磁界は f_1 の周波数となり，回転子の回転数は f_1 の同期回転数よりも高くなる．すなわち，滑り s_y は負 $(s_y < 0)$ となる．図からもわかるように同期速度以上ではトルクは負の値になり，回転方向と逆方向のトルクを生じるようになる．つまり制動トルクを生じ，モータは減速し，やがて f_1 の周波数に対応する滑り s_1 となり N_1 で安定運転する．このように発電機状態となった場合，モータは回転の運動エネルギを電気エネルギに変換して放出している．つまり，エネルギにより起電力が生じる．起電力はインバータの出力電圧に上乗せされ，インバータの直流電圧を上昇させる．そのため，インバータが過電圧でトリップする可能性がある．その時間変化を図 5.16 に示す．

インバータが過電圧状態にならないようにするにはある減速時間 (Hz/s) で

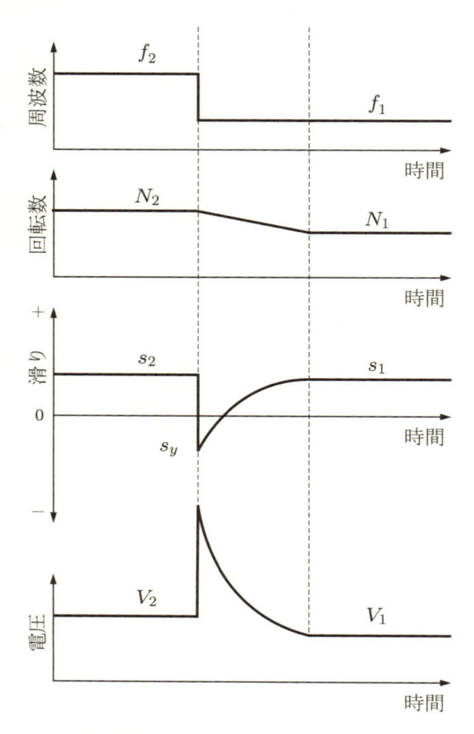

図 5.16　周波数急減時の滑りと電圧

ゆっくり減速させることが必要である．一般的には加速時間より減速時間を長くすることが多い．

しかし，急減速が必要な場合，インバータの直流回路の電圧を強制的に下げることで過電圧が防止できる．直流回路を短絡する抵抗を接続し，減速中に抵抗に電流を流すことにより回転の運動エネルギを熱に変換する．このような抵抗を制動抵抗といい，図 5.17 のように接続する．制動抵抗は常時接続せず，減速時のみ半導体スイッチで接続する．

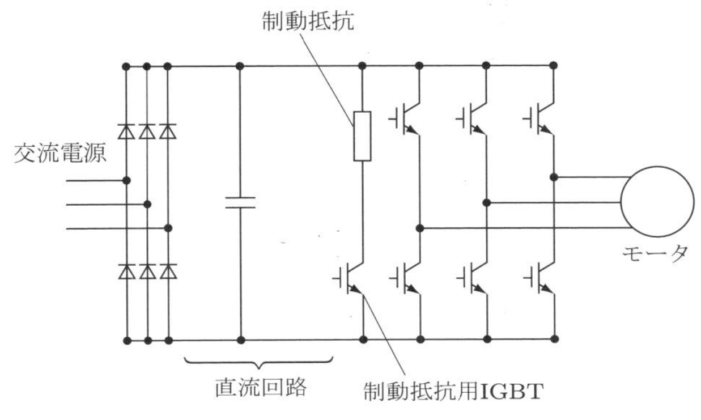

図 5.17　制動抵抗の接続

5.6 V/f 一定制御による誘導モータの滑り周波数制御

V/f 一定制御では誘導モータに与える周波数そのものを指令値として制御する．したがって，負荷に応じて誘導モータの滑り s が決まってしまうので，実際の回転数は滑り周波数 f_s だけ低下してしまう．しかし，V/f 一定制御していてもモータの実回転数を検出し，フィードバック制御して周波数を調節すればモータの実際の回転数を直接制御できる．

誘導モータの滑り s，固定子電流の周波数 f，滑り周波数 f_s と実際の機械的な回転子の回転周波数 f_m には次の関係がある．

$$f_m = (1 - s)f = f - f_s \tag{5.14}$$

この関係を利用してあらかじめ設定した滑り周波数に補正して出力することでトルク制御が行える．これを滑り周波数制御という．滑り周波数制御系の構成を図 5.18 に示す．

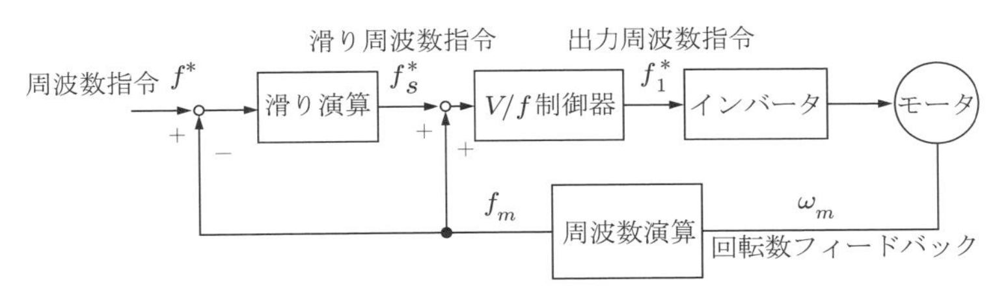

図 5.18　滑り周波数制御のブロック線図

V/f 一定制御を行うと，定常時は磁束の大きさが一定に保たれていることになる．磁束が一定であればモータの発生トルクは滑りに比例する．すなわち，滑り周波数を指令値として用いれば間接的にトルク制御が可能となる．

この方法は回転数のフィードバックさえ行えば比較的応答の良い制御ができるメリットがある．しかし，V/f 一定制御を基本としているため，低周波運転ではトルクが低下してしまう．また瞬時にトルクを制御することはできず，応答性はそれほど良くない．後述するベクトル制御では電流制御ループを用いて励磁電流とトルク電流を完全に分離するため，そのような問題はない．滑り周波数制御方式は V/f 一定制御と第 10 章で述べるベクトル制御の中間的位置づけであると考えればよい．

 COLUMN

同期モータの V/f 一定制御

同期モータは回転磁界と同期して回転子が回転します．回転磁界の周波数を変化させれば，それに応じて同期回転数が変化します．回転磁界のしくみは誘導モータと全く同じです．したがって，V/f 一定制御を行えば回転磁界の磁束が一定となり，同期モータを回転数制御をすることができます．

同期モータは同期回転数でしかトルクを発生しません．回転中に，何らかの理由で回転数が変動すると発生トルクが低下し（同期はずれ），停止してしまいます（脱調）．そのため，モータにコイルを追加するなどの様々な工夫が行われてきました．インバータを使って V/f 一定制御する場合，回転数を検出して回転数に応じた周波数に調整することで脱調を防ぐことができます．

誘導モータの V/f 一定制御ではモータからのフィードバックが必要ありません．モータに電源線を接続するだけで回転数制御が可能になります．しかし，同期モータは V/f 一定制御といっても，モータからのフィードバックのないオープンループ制御はなかなか難しいのです．

6 空間ベクトル

本章では交流モータの瞬時値制御で使われる空間ベクトルについて述べる．まず時間的に変化する三相交流電流が空間で回転する一つのベクトルで表せることを示す．さらに，ベクトルの移動，回転などの空間ベクトルの取り扱いを示す．空間ベクトルを制御に使用するためには，空間ベクトルに各種の数学的処理を行っても電力が変化しないようにする必要がある．そこで，電力不変の座標変換についても述べる．最後に交流フェーザと空間ベクトルの違いについて述べる．

6.1 回転磁界と空間ベクトル

6.1.1 回転磁界

前章で述べた誘導モータの平均値制御のための等価回路にはモータや磁界の回転という物理的な動作は含まれていない．誘導モータの等価回路とはモータの電圧と電流の関係を表しているものである．等価回路による取り扱いでは，回路内の消費電力から出力を求め，回転数を与えてトルクを求めるなどの処理を行う．このようにしてモータの特性を数値で求め，それを基に平均値制御を行っている．

等価回路において回転の時間的変化などを直接表現することは難しい．モータの過渡的な状態や瞬時の動きを解析するためには，第 4 章の直流モータの瞬時値制御で示したような回転運動を含んだ制御モデルが必要である．

交流モータを取り扱うにあたり，まず回転磁界について整理する．三相交流電流とは次のように，各相の電流の位相が $2\pi/3$ 異なる時間領域†で表された電

† 時刻により変化する時間 t の関数．

流である.

$$
\begin{aligned}
i_u &= \sqrt{2}I\cos\omega t \\
i_v &= \sqrt{2}I\cos\left(\omega t - \frac{2}{3}\pi\right) \\
i_w &= \sqrt{2}I\cos\left(\omega t + \frac{2}{3}\pi\right)
\end{aligned}
\tag{6.1}
$$

ここで，I は実効値である.

この三相交流電流が，図 6.1 に示すように空間的に $2\pi/3$ おきに配置された三相コイルに流れるとき，各相の電流が各相の起磁力となる．起磁力の大きさは各相の電流にコイルの巻数 N を掛けた NI である．空間的に $2\pi/3$ おきに配置された，時間的に $2\pi/3$ の位相差をもつ各相の電流による起磁力はエアギャップの θ の位置に次に示す磁束密度を生じる.

$$
\begin{aligned}
B_u &= B_m\cos\omega t\sin\theta \\
B_v &= B_m\cos\left(\omega t - \frac{2}{3}\pi\right)\sin\left(\theta - \frac{2}{3}\pi\right) \\
B_w &= B_m\cos\left(\omega t + \frac{2}{3}\pi\right)\sin\left(\theta + \frac{2}{3}\pi\right)
\end{aligned}
\tag{6.2}
$$

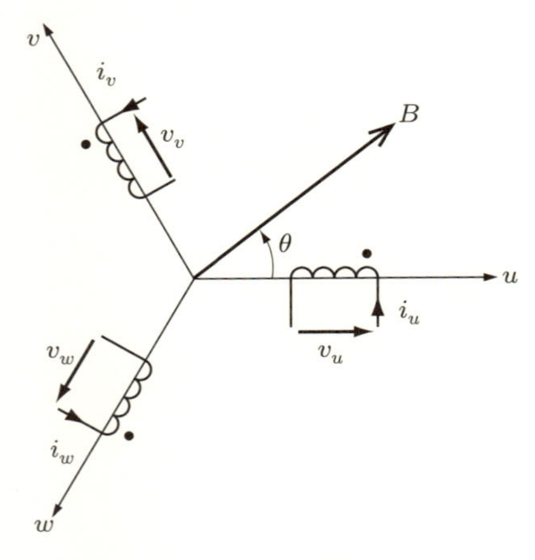

図 6.1　回転磁界と三相交流の関係

ここで，B_m は電流 I の起磁力により生じる磁束密度の波高値である．

各相の磁束密度を合成すると，式 (6.3) に示すような時間的に変化する ωt と空間の位置 θ により表される一つの正弦波となる．

$$B = B_u + B_v + B_w = \frac{3}{2} B_m \sin(\theta - \omega t) \tag{6.3}$$

式 (6.3) の意味するところは，合成された磁束密度はエアギャップの空間に正弦波状に分布しており，時刻 t に応じて磁束密度の位置 θ が移動するということである．つまり，$t = 0$ のとき cos で表される電流の最大値 $\sqrt{2}I$ となる位置が $\theta = 0$ のところにあるとすると，sin で表される磁束密度の最大値 B_m は $\theta = \pi/2$ の位置にあることを示している．しかし，t_1 秒後には磁束密度の最大値 B_m は $\theta = \pi/2 + \omega t_1$ [rad] の位置に移動する．時間 t に応じて位置 θ も変化する．このように磁束密度は三相コイルが配置された円周上を回転しているのである．この説明は時間的に変化する交流電流が，三相コイルという空間では回転する磁界となることを示している．第 5 章で扱った等価回路では，回転磁界の大きさをインダクタンスや誘導起電力に変換したものを回路計算に用いているだけで，回転磁界の位置や位相は考慮していなかった．

6.1.2 空間ベクトル

前項で述べた三相コイルを流れる電流を直接表現するために空間ベクトルという考え方を導入する．

いま，α 軸と β 軸で構成される 2 次元平面を考える．この平面上に図 6.2 に示すような原点からのベクトル $\boldsymbol{P}$ を考える．このとき，このベクトルは $\alpha\beta$ 座標空間における空間ベクトルと呼ばれる．

ベクトル $\boldsymbol{P}$ の先端の座標を (P_α, P_β) とすると，ベクトル $\boldsymbol{P}$ の大きさ $|\boldsymbol{P}|$ は次のようになる．

$$|\boldsymbol{P}| = \sqrt{{P_\alpha}^2 + {P_\beta}^2} \tag{6.4}$$

また，ベクトルの先端の座標 (P_α, P_β) は次のように表される．

$$\begin{aligned} P_\alpha &= P\cos\theta \\ P_\beta &= P\sin\theta \end{aligned} \tag{6.5}$$

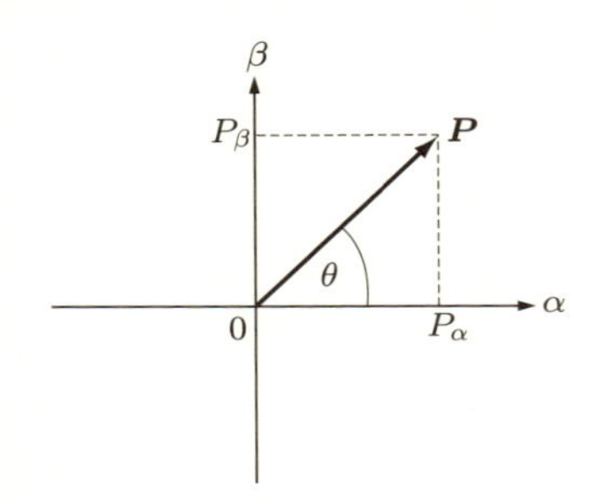

図 6.2　空間ベクトル

ベクトル $\boldsymbol{P}$ は原点からのベクトルとしているので，θ を変化させるとベクトルが原点を中心に回転することになる．$\theta = \omega t$ とすれば，角速度 ω で回転することになる．

6.1.3　三相交流電流の空間ベクトルによる表現

式 (6.1) に示した三相交流電流 i_u，i_v，i_w を $\alpha\beta$ 座標系の空間ベクトル $\boldsymbol{i}_{\alpha\beta}$ に変換してゆく．まず三相電流を 3 行の行列により表す．

$$\begin{bmatrix} i_u \\ i_v \\ i_w \end{bmatrix} = \begin{bmatrix} \sqrt{2}I\cos\omega t \\ \sqrt{2}I\cos\left(\omega t - \dfrac{2}{3}\pi\right) \\ \sqrt{2}I\cos\left(\omega t + \dfrac{2}{3}\pi\right) \end{bmatrix} \tag{6.6}$$

この行列に次のような計算を行うと 2 行の行列に変換される．これにより三相の静止座標から $\alpha\beta$ 座標空間への座標変換が行われたことになる．

$$\begin{aligned} \begin{bmatrix} i_\alpha \\ i_\beta \end{bmatrix} &= \sqrt{\frac{2}{3}} \begin{bmatrix} \cos 0^\circ & \cos 120^\circ & \cos 240^\circ \\ \sin 0^\circ & \sin 120^\circ & \sin 240^\circ \end{bmatrix} \begin{bmatrix} i_u \\ i_v \\ i_w \end{bmatrix} \\ &= \sqrt{\frac{2}{3}} \begin{bmatrix} 1 & -\dfrac{1}{2} & -\dfrac{1}{2} \\ 0 & \dfrac{\sqrt{3}}{2} & -\dfrac{\sqrt{3}}{2} \end{bmatrix} \begin{bmatrix} i_u \\ i_v \\ i_w \end{bmatrix} \end{aligned} \tag{6.7}$$

このとき

$$\sqrt{\frac{2}{3}}\begin{bmatrix} 1 & -\frac{1}{2} & -\frac{1}{2} \\ 0 & \frac{\sqrt{3}}{2} & -\frac{\sqrt{3}}{2} \end{bmatrix} \tag{6.8}$$

という行列を三相電流のベクトルに左から掛けているが，この行列を変換行列と呼ぶ．なお，変換行列の係数 $\sqrt{2/3}$ については後述する．

ここで，$\theta = \omega t$ とする．式 (6.7) を用いて具体的に i_α，i_β を求めると次のようになる．

$$\begin{aligned} i_\alpha &= \sqrt{\frac{2}{3}}\left(i_u - \frac{1}{2}i_v - \frac{1}{2}i_w\right) = \sqrt{3}I\cos\theta \\ i_\beta &= \sqrt{\frac{2}{3}}\left(\frac{\sqrt{3}}{2}i_v - \frac{\sqrt{3}}{2}i_w\right) = \sqrt{3}I\sin\theta \end{aligned} \tag{6.9}$$

式 (6.9) は式 (6.5) と同じ形式である．すなわち，時間領域の静止座標上の三相交流電流が $\alpha\beta$ 座標上の空間ベクトルに変換されたことを示している．$\alpha\beta$ 座標空間での三相交流電流の空間ベクトルは，大きさが三相電流の実効値 I の $\sqrt{3}$ 倍で，θ 方向を向いたベクトルである．$\theta = \omega t$ としているため時刻 t の経過に応じて θ が増加するのでこのベクトルは反時計方向に回転している．空間ベクトルは三相電流のある時刻における瞬時の値を示していると考える．三相電流が変動すれば，その変動がそのまま空間ベクトルの変化として表れる．電流の空間ベクトルは電流の瞬時ベクトルとも呼ばれ，ある時刻（瞬時）の電流

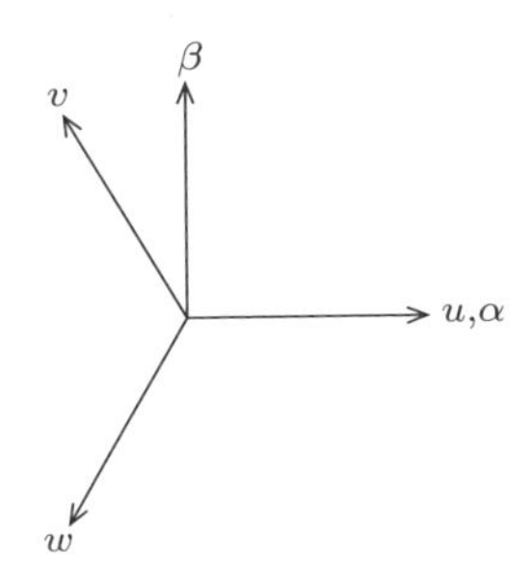

図 6.3　uvw 軸と $\alpha\beta$ 軸の関係

の状態を表している．

空間的な uvw 軸と $\alpha\beta$ 軸の関係は，通常は図 6.3 に示すように，u 軸と α 軸を一致させて考えることにしている．

6.2 空間ベクトルの取り扱い

6.2.1 二つの空間ベクトル

いま，図 6.4 に示すように同一方向を向いた二つの空間ベクトル $\boldsymbol{a}$，$\boldsymbol{b}$ があるとする．この二つの空間ベクトルは同一方向を向いており，長さだけが異なるので，ベクトルの関係を次のように表すことができる．

$$\boldsymbol{b} = 3\boldsymbol{a} \tag{6.10}$$

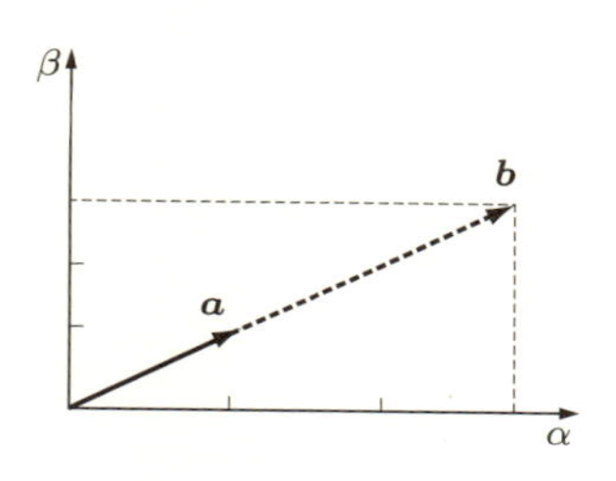

図 6.4 二つの空間ベクトル

しかし，この二つのベクトルの空間的な位置関係を表すには，次のように行列により表さなくてはならない．

$$\boldsymbol{b} = \begin{bmatrix} b_\alpha \\ b_\beta \end{bmatrix} = 3\begin{bmatrix} a_\alpha \\ a_\beta \end{bmatrix} = 3\begin{bmatrix} 1 & 0 \\ 0 & 1 \end{bmatrix}\begin{bmatrix} a_\alpha \\ a_\beta \end{bmatrix} = \begin{bmatrix} 3 & 0 \\ 0 & 3 \end{bmatrix}\begin{bmatrix} a_\alpha \\ a_\beta \end{bmatrix} \tag{6.11}$$

このとき，

$$\boldsymbol{C} = \begin{bmatrix} 3 & 0 \\ 0 & 3 \end{bmatrix} \tag{6.12}$$

とおけば，$\boldsymbol{C}$ は $\boldsymbol{a}$ と $\boldsymbol{b}$ の関係を表す行列である．また，

$$\boldsymbol{b} = \boldsymbol{C}\boldsymbol{a} \tag{6.13}$$

のように，$\boldsymbol{C}$ は $\boldsymbol{a}$ を $\boldsymbol{b}$ に変換する行列と考えることができる．

次にベクトルの回転移動について説明する．図 6.5 に示すように $\alpha\beta$ 座標上の長さの等しい二つのベクトル $\boldsymbol{a}$，$\boldsymbol{b}$ を考える．

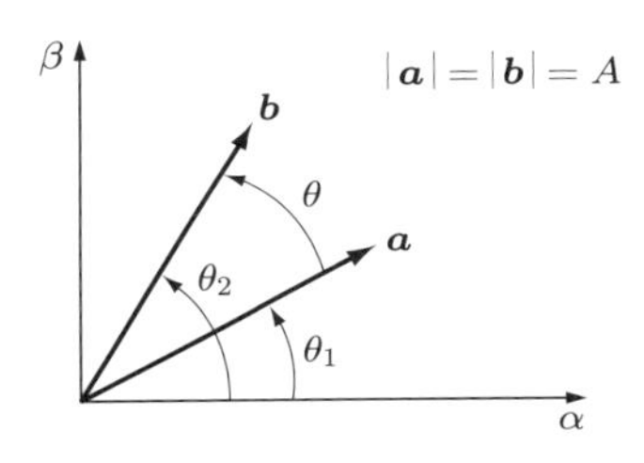

図 6.5　ベクトルの回転移動

ベクトル $\boldsymbol{a}$ とベクトル $\boldsymbol{b}$ の先端の座標は次のようになる．

$$\begin{aligned} \boldsymbol{a} &= (A\cos\theta_1, A\sin\theta_1) \\ \boldsymbol{b} &= (A\cos\theta_2, A\sin\theta_2) \end{aligned} \tag{6.14}$$

二つのベクトルの大きさが等しいので次のように表される．

$$|\boldsymbol{a}| = |\boldsymbol{b}| = A \tag{6.15}$$

また，二つのベクトルの位相角には次の関係がある．

$$\theta = \theta_2 - \theta_1 \tag{6.16}$$

式 (6.16) を用いてベクトル $\boldsymbol{b}$ の座標を求めると次のように表すことができる．

$$\boldsymbol{b} = (A\cos(\theta + \theta_1), A\sin(\theta + \theta_1)) \tag{6.17}$$

以上の式を行列表示する．

$$\boldsymbol{a} = A\begin{bmatrix} \cos\theta_1 \\ \sin\theta_1 \end{bmatrix}, \quad \boldsymbol{b} = A\begin{bmatrix} \cos\theta_2 \\ \sin\theta_2 \end{bmatrix} \tag{6.18}$$

これらの式を使うと次のようになる．

$$\begin{aligned}\boldsymbol{b} &= A\begin{bmatrix}\cos\theta_2\\ \sin\theta_2\end{bmatrix} = A\begin{bmatrix}\cos(\theta+\theta_1)\\ \sin(\theta+\theta_1)\end{bmatrix}\\ &= A\begin{bmatrix}\cos\theta\cos\theta_1 - \sin\theta\sin\theta_1\\ \sin\theta\cos\theta_1 + \cos\theta\sin\theta_1\end{bmatrix}\\ &= A\begin{bmatrix}\cos\theta & -\sin\theta\\ \sin\theta & \cos\theta\end{bmatrix}\begin{bmatrix}\cos\theta_1\\ \sin\theta_1\end{bmatrix}\\ &= \begin{bmatrix}\cos\theta & -\sin\theta\\ \sin\theta & \cos\theta\end{bmatrix}\boldsymbol{a} \end{aligned} \tag{6.19}$$

ここで，次のようにおく．

$$\boldsymbol{C}(\theta) = \begin{bmatrix}\cos\theta & -\sin\theta\\ \sin\theta & \cos\theta\end{bmatrix} \tag{6.20}$$

$$\boldsymbol{b} = \boldsymbol{C}(\theta)\boldsymbol{a} \tag{6.21}$$

すなわち，式 (6.20) に示す $\boldsymbol{C}(\theta)$ という行列はベクトル $\boldsymbol{a}$ を θ だけ回転させる作用をする行列であることがわかる．

また，ベクトル $\boldsymbol{a}$ を $\boldsymbol{b}$ から $-\theta$ だけ回転させたベクトルと考えると次のように表すことができる．

$$\begin{aligned}\boldsymbol{a} &= \begin{bmatrix}\cos(-\theta) & -\sin(-\theta)\\ \sin(-\theta) & \cos(-\theta)\end{bmatrix}\boldsymbol{b}\\ &= \begin{bmatrix}\cos\theta & \sin\theta\\ -\sin\theta & \cos\theta\end{bmatrix}\boldsymbol{b}\\ &= \boldsymbol{C}(\theta)^{-1}\boldsymbol{b}\end{aligned} \tag{6.22}$$

ここで，次のようにおいている．

$$\begin{bmatrix}\cos\theta & \sin\theta\\ -\sin\theta & \cos\theta\end{bmatrix} = \boldsymbol{C}(\theta)^{-1} \tag{6.23}$$

すなわち，$\boldsymbol{C}(\theta)$ の逆行列 $\boldsymbol{C}(\theta)^{-1}$ はベクトルを $-\theta$ だけ回転させる作用をする行列となる．つまり，ベクトルを回転させる作用をもつ行列の逆行列は，逆方向に回転させる作用をもつことがわかる．

次に，二つの空間ベクトルの大きさと向きがいずれも異なる場合を考える．二つの空間ベクトルとして，電流の空間ベクトル $\boldsymbol{I}_{\alpha\beta}$ と電圧の空間ベクトル $\boldsymbol{V}_{\alpha\beta}$ を考える．この二つのベクトルの回転数（周波数）は同一であるとする．図 6.6 には θ の位置における瞬時値を示している．また，このときの電圧と電流の位相差，すなわち力率角は ϕ である．

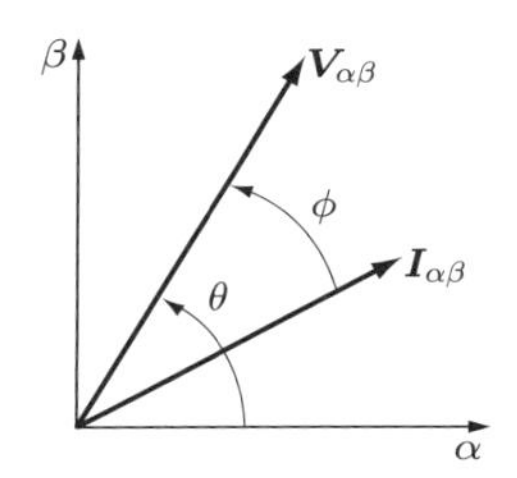

図 6.6　電圧ベクトルと電流ベクトル

この二つの空間ベクトルに次のような関係があると考えてみる．

$$\boldsymbol{V}_{\alpha\beta} = \boldsymbol{Z}\boldsymbol{I}_{\alpha\beta} \tag{6.24}$$

これを行列表示して次のように書く．

$$\begin{bmatrix} v_\alpha \\ v_\beta \end{bmatrix} = \begin{bmatrix} Z_{11} & Z_{12} \\ Z_{21} & Z_{22} \end{bmatrix} \begin{bmatrix} i_\alpha \\ i_\beta \end{bmatrix} \tag{6.25}$$

このとき $\boldsymbol{Z}$ は電圧ベクトルと電流ベクトルの関係を示すインピーダンスに相当する．これをインピーダンス行列と呼ぶ．式 (6.25) はインピーダンス行列により表された電圧方程式であると考えることができる．つまり空間ベクトルで電圧，電流を考えるとき，その座標におけるモータのインピーダンス行列があれば，その座標上でモータの電圧電流の関係が明らかになり，電圧や電流を制御したときの関係が明らかになる．

6.2.2　三相交流電流と空間ベクトルの変換

交流モータの瞬時値制御の演算は空間ベクトルを使って行う．実際のモータに流れる電流は三相電流であり，交流モータを制御するインバータは三相インバータである．したがって，電流センサにより検出した三相電流をフィードバックする場合，空間ベクトルに変換してからフィードバック量とする必要がある．さらに，空間ベクトルにより制御演算を行い，空間ベクトル上での制御出力が決まれば，再度三相電流の形に変換してインバータの出力を制御する必要がある．そこで，空間ベクトルから uvw 相の三相電流への変換について述べる．

時間領域の三相電流 i_u，i_v，i_w から $\alpha\beta$ 座標の空間ベクトル i_α，i_β への変換は式 (6.7) で表された．

$$\begin{bmatrix} i_\alpha \\ i_\beta \end{bmatrix} = \sqrt{\frac{2}{3}} \begin{bmatrix} 1 & -\frac{1}{2} & -\frac{1}{2} \\ 0 & \frac{\sqrt{3}}{2} & -\frac{\sqrt{3}}{2} \end{bmatrix} \begin{bmatrix} i_u \\ i_v \\ i_w \end{bmatrix} \tag{6.7 再掲}$$

ここで，

$$\boldsymbol{C}_{uvw\to\alpha\beta} = \sqrt{\frac{2}{3}} \begin{bmatrix} 1 & -\frac{1}{2} & -\frac{1}{2} \\ 0 & \frac{\sqrt{3}}{2} & -\frac{\sqrt{3}}{2} \end{bmatrix} \tag{6.26}$$

とおくと，次のように表される．

$$\begin{bmatrix} i_\alpha \\ i_\beta \end{bmatrix} = \boldsymbol{C}_{uvw\to\alpha\beta} \begin{bmatrix} i_u \\ i_v \\ i_w \end{bmatrix} \tag{6.27}$$

$\boldsymbol{C}_{uvw\to\alpha\beta}$ は uvw 座標から $\alpha\beta$ 座標への変換行列である．

この逆方向，すなわち $\alpha\beta$ 座標の空間ベクトルから時間領域の三相電流に戻すための変換行列は次のように表される．

$$\begin{bmatrix} i_u \\ i_v \\ i_w \end{bmatrix} = \sqrt{\frac{2}{3}} \begin{bmatrix} 1 & 0 \\ -\frac{1}{2} & \frac{\sqrt{3}}{2} \\ -\frac{1}{2} & -\frac{\sqrt{3}}{2} \end{bmatrix} \begin{bmatrix} i_\alpha \\ i_\beta \end{bmatrix} \tag{6.28}$$

同様に,

$$\boldsymbol{C}_{\alpha\beta\to uvw} = \sqrt{\frac{2}{3}} \begin{bmatrix} 1 & 0 \\ -\frac{1}{2} & \frac{\sqrt{3}}{2} \\ -\frac{1}{2} & -\frac{\sqrt{3}}{2} \end{bmatrix} \tag{6.29}$$

を $\alpha\beta$ 座標から uvw 座標への変換行列とすれば，次のように表される.

$$\begin{bmatrix} i_u \\ i_v \\ i_w \end{bmatrix} = \boldsymbol{C}_{\alpha\beta\to uvw} \begin{bmatrix} i_\alpha \\ i_\beta \end{bmatrix} \tag{6.30}$$

この二つの変換を用いれば時間領域の三相電流と $\alpha\beta$ 座標空間の空間ベクトルを双方向で変換できる.

ここで示した三相交流と空間ベクトルの変換を三相－二相変換と呼ぶことがある．正確には三相－二相変換は三相交流電流を時間領域の二相交流電流として扱うときに用いる変換である．数学的処理もほとんど同じであり混同しやすい．ここで述べている三相交流電流を空間ベクトルに変換するということは三相交流を二相交流に変換することとは意味が全く異なることを理解してほしい.

なお，$\alpha\beta$ 座標を固定座標，固定子座標，静止座標などと呼ぶことがある.

6.2.3 回転座標への変換

時間領域の三相交流は ωt により時間的に変化するが，$\alpha\beta$ 座標空間上の空間ベクトルに変換すると時間的な変化はベクトルの回転により表されるようになる．$\alpha\beta$ 座標空間上では三相交流電流は一つの空間ベクトルで表され，静止

している $\alpha\beta$ 座標の空間上を回転している．回転している空間ベクトルと同じ回転数で回転している座標空間があれば，その座標空間上では電流ベクトルは静止して見えるはずである．静止して見えるということは，つまり，その座標空間上では振幅のみ変化することになるので，直流と考えることができることになる．回転座標系を用いると制御上は直流を制御することになり考え方が非常に容易になる．そのため，空間ベクトルの回転と同期して回転する座標空間を導入する．

いま，回転する dq 座標軸は，図 6.7 に示すように α 軸から見て θ の位置で ωt で回転していると考える．

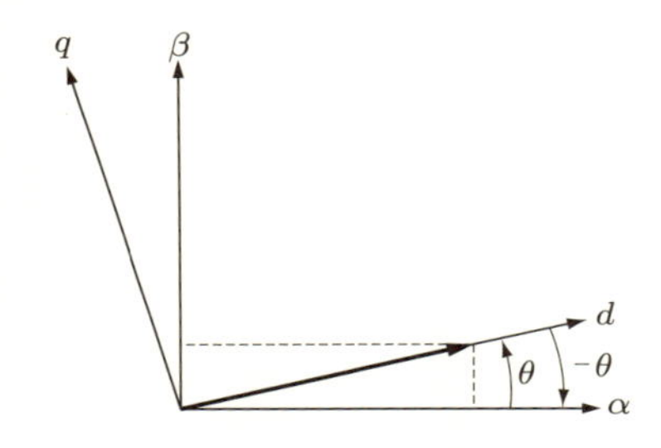

図 6.7　$\alpha\beta$ 座標と dq 座標

$\alpha\beta$ 座標空間のベクトルを回転座標系の dq 座標空間に変換し，dq 座標上で見たとき，次のように表される．

$$\begin{bmatrix} i_d \\ i_q \end{bmatrix} = \begin{bmatrix} \cos\theta & \sin\theta \\ -\sin\theta & \cos\theta \end{bmatrix} \begin{bmatrix} i_\alpha \\ i_\beta \end{bmatrix} = \boldsymbol{C}_{\alpha\beta\to dq} \begin{bmatrix} i_\alpha \\ i_\beta \end{bmatrix} \tag{6.31}$$

$\boldsymbol{C}_{\alpha\beta\to dq}$ は $\alpha\beta$ 座標から dq 座標への変換行列である．

$$\boldsymbol{C}_{\alpha\beta\to dq} = \begin{bmatrix} \cos\theta & \sin\theta \\ -\sin\theta & \cos\theta \end{bmatrix} \tag{6.32}$$

ここで，$\boldsymbol{C}_{\alpha\beta\to dq}$ は式 (6.20) にて示したベクトルを θ だけ回転させる作用のある行列 $\boldsymbol{C}(\theta)$ において，回転角を $-\theta$ とした $\boldsymbol{C}(\theta)^{-1} = \boldsymbol{C}(-\theta)$ の行列である．dq 座標系から見ると $\alpha\beta$ 座標は $-\theta$ の位置で回転しているように見えるので，座標変換の方向としては $-\theta$ となることに注意を要する．

回転座標変換した dq 座標空間での電流を求めると次のようになる.

$$
\begin{aligned}
i_d &= i_\alpha \cos\theta - i_\beta \sin\theta \\
i_q &= -i_\alpha \sin\theta + i_\beta \cos\theta
\end{aligned}
\tag{6.33}
$$

$\alpha\,\beta$ 座標上での電流は次のように表された.

$$
\begin{aligned}
i_\alpha &= \sqrt{3} I \cos\theta \\
i_\beta &= \sqrt{3} I \sin\theta
\end{aligned}
\qquad \text{(6.9) 再掲}
$$

これを式 (6.33) に代入すると次のようになる.

$$
\begin{aligned}
i_d &= \sqrt{3} I \\
i_q &= 0
\end{aligned}
\tag{6.34}
$$

すなわち, dq 回転座標上の $\boldsymbol{i}_{dq}$ は $\alpha\,\beta$ 座標空間の空間ベクトル $\boldsymbol{i}_{\alpha\beta}$ と同じ大きさで d 軸方向を向いた静止したベクトルであることを示している. このことは, $\alpha\,\beta$ 座標上の $\boldsymbol{i}_{\alpha\beta}$ は, α 軸から θ の位置にあることと, d 軸座標の定義を α 軸から θ だけ回転しているとしていることから当然といえば当然の結果である.

また, dq 座標空間から $\alpha\,\beta$ 座標空間への逆方向の変換は次のようになる.

$$
\begin{bmatrix} i_\alpha \\ i_\beta \end{bmatrix} = \begin{bmatrix} \cos\theta & -\sin\theta \\ \sin\theta & \cos\theta \end{bmatrix} \begin{bmatrix} i_d \\ i_q \end{bmatrix}
\tag{6.35}
$$

つまり, $\alpha\,\beta$ 座標空間から dq 座標への変換行列の逆行列として表すことができる.

$$
\boldsymbol{C}_{dq\to\alpha\beta} = \begin{bmatrix} \cos\theta & -\sin\theta \\ \sin\theta & \cos\theta \end{bmatrix} = \begin{bmatrix} \cos\theta & \sin\theta \\ -\sin\theta & \cos\theta \end{bmatrix}^{-1} = \boldsymbol{C}_{\alpha\beta\to dq}{}^{-1}
\tag{6.36}
$$

ここまでの座標変換を用いることにより三相交流電流を直流電流として扱うことができるようになる.

多くの専門書では三相交流電流の座標変換を $\alpha\beta$ 座標空間の空間ベクトルへの変換と dq 回転座標空間への変換を合わせて次のような変換式で示していることが多い．

$$\begin{aligned}\begin{bmatrix} i_d \\ i_q \end{bmatrix} &= \boldsymbol{C}_{\alpha\beta\to dq}\boldsymbol{C}_{uvw\to\alpha\beta}\begin{bmatrix} i_u \\ i_v \\ i_w \end{bmatrix} \\ &= \sqrt{\frac{2}{3}}\begin{bmatrix} \cos\theta & \sin\theta \\ -\sin\theta & \cos\theta \end{bmatrix}\begin{bmatrix} 1 & -\frac{1}{2} & -\frac{1}{2} \\ 0 & \frac{\sqrt{3}}{2} & -\frac{\sqrt{3}}{2} \end{bmatrix}\begin{bmatrix} i_u \\ i_v \\ i_w \end{bmatrix} \\ &= \sqrt{\frac{2}{3}}\begin{bmatrix} \cos\theta & \cos\left(\theta-\frac{2}{3}\pi\right) & \cos\left(\theta+\frac{2}{3}\pi\right) \\ -\sin\theta & -\sin\left(\theta-\frac{2}{3}\pi\right) & -\sin\left(\theta+\frac{2}{3}\pi\right) \end{bmatrix}\begin{bmatrix} i_u \\ i_v \\ i_w \end{bmatrix} \end{aligned} \tag{6.37}$$

なお，$\alpha\beta$ 座標を固定子座標と呼ぶのに対応して dq 回転座標系を回転子座標と呼ぶことがある．

6.3　電力不変の変換

ここまで，三相交流電流を空間ベクトルで表すために，行列を用いて座標空間の変換を行ってきた．電流だけでなく電圧も空間ベクトルで表すことが可能である．電圧や電流の空間ベクトルを表す行列を座標変換する場合，変換前後で電力が同一でないと制御には使えない．そこで，変換前後の電力について説明する．ここで，式 (6.8) に示した変換行列の係数 $\sqrt{2/3}$ の意味を説明する．

いま，$\alpha\beta$ 座標上での電流 $\boldsymbol{i}$，電圧 $\boldsymbol{v}$ をそれぞれ次のような行列として考える．

$$\boldsymbol{i} = \begin{bmatrix} i_\alpha \\ i_\beta \end{bmatrix}, \quad \boldsymbol{v} = \begin{bmatrix} v_\alpha \\ v_\beta \end{bmatrix} \tag{6.38}$$

このとき，有効電力 P は電圧と電流の積なので，次のように表される．

$$P = v_\alpha i_\alpha + v_\beta i_\beta$$
$$= \begin{bmatrix} v_\alpha & v_\beta \end{bmatrix} \begin{bmatrix} i_\alpha \\ i_\beta \end{bmatrix} = \boldsymbol{v}^T \boldsymbol{i} \tag{6.39}$$

ここで $\boldsymbol{v}^T = \begin{bmatrix} v_\alpha & v_\beta \end{bmatrix}$ は $\boldsymbol{v}$ の転置行列を意味する．

このような電圧，電流を変換行列 $\boldsymbol{C}$ により座標変換することを考える．このとき，変換後の電流，電圧をそれぞれ $\boldsymbol{i}'$，$\boldsymbol{v}'$ とする．

$$\boldsymbol{i}' = \boldsymbol{C}\boldsymbol{i} \tag{6.40}$$

$$\boldsymbol{v}' = \boldsymbol{C}\boldsymbol{v} \tag{6.41}$$

変換後の電力 P' は次のように表される．

$$P' = \boldsymbol{v}'^T \boldsymbol{i}' \tag{6.42}$$

座標変換の前後で電力が不変と仮定すると次のように表せる．

$$P = P' = \boldsymbol{v}^T \boldsymbol{i} = \boldsymbol{v}'^T \boldsymbol{i}' \tag{6.43}$$

この式を次のように変形する．

$$P = \boldsymbol{v}'^T \boldsymbol{i}' = (\boldsymbol{C}\boldsymbol{v})^T \boldsymbol{C}\boldsymbol{i} = \boldsymbol{v}^T \boldsymbol{C}^T \boldsymbol{C}\boldsymbol{i} \tag{6.44}$$

すなわち，変換行列 $\boldsymbol{C}$ が

$$\boldsymbol{C}^T \boldsymbol{C} = \boldsymbol{E} = \begin{bmatrix} 1 & 0 \\ 0 & 1 \end{bmatrix} \tag{6.45}$$

とならないと変換前後の電力は同一にならない．

ここで，$\boldsymbol{E}$ は単位行列である．変換行列 $\boldsymbol{C}$ は式 (6.45) を満たすように決める必要がある．

三相交流電流を $\alpha\beta$ 座標空間の空間ベクトルに変換したときには，式 (6.8) に示すような行列を用いて座標変換した．

$$\sqrt{\frac{2}{3}}\begin{bmatrix} 1 & -\frac{1}{2} & -\frac{1}{2} \\ 0 & \frac{\sqrt{3}}{2} & -\frac{\sqrt{3}}{2} \end{bmatrix} \qquad (6.8)\text{ 再掲}$$

この式の係数 $\sqrt{2/3}$ を導出する．いま，変換行列 $\boldsymbol{C}$ を次のようにおく．

$$\boldsymbol{C} = k\begin{bmatrix} 1 & -\frac{1}{2} & -\frac{1}{2} \\ 0 & \frac{\sqrt{3}}{2} & -\frac{\sqrt{3}}{2} \end{bmatrix} \tag{6.46}$$

この行列 $\boldsymbol{C}$ により座標変換するので，式 (6.45) の条件を満たすように係数 k を決めなくてはならない．そこで，これを計算する．

$$\boldsymbol{C}^T\boldsymbol{C} = k^2\begin{bmatrix} \frac{3}{2} & 0 \\ 0 & \frac{3}{2} \end{bmatrix} = \boldsymbol{E} = \begin{bmatrix} 1 & 0 \\ 0 & 1 \end{bmatrix} \tag{6.47}$$

すなわち，

$$k = \sqrt{\frac{2}{3}} \tag{6.48}$$

が得られる．このように，式 (6.8) に示した空間ベクトルへの変換行列の係数 $\sqrt{2/3}$ は変換前後で電力が変化しないようにするための係数として必要である．

6.4　複素数表示

ここまでは座標変換について三角関数を用いた行列により説明してきた．ここでは複素数を用いた表示について説明する．

図 6.8 の複素数 $Z = \sqrt{3} + j$ を例にすると，複素数は次のように表示できる．

① 直角座標では $Z = \sqrt{3} + j$ として複素平面の座標（Re 軸と Im 軸）で表す
② 極座標では $Z = 2\angle 30°$ として絶対値（大きさ）と偏角（方向）を角度（度）

で表す

③ 指数関数 $Z = 2e^{j\frac{\pi}{6}}$ として絶対値（大きさ）と偏角（方向）を弧度 (rad) で表す

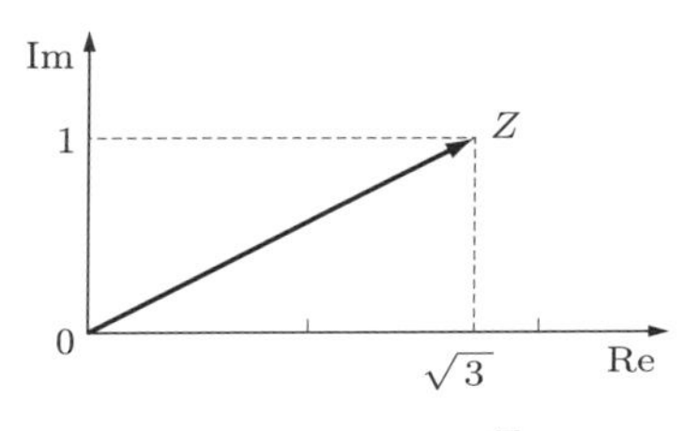

図 6.8　複素数 $Z = \sqrt{3} + j$

オイラーの公式により三角関数と複素数の関係は次のように表される．

$$e^{j\theta} = \cos\theta + j\sin\theta \tag{6.49}$$

これを利用すると周波数 ωt の交流電流を次のように表すことができる．

$$\sqrt{2}I\cos(\omega t + \theta) = \sqrt{2}Ie^{j\theta} \tag{6.50}$$

いま，三相交流電流が次のように表されるとする．

$$\begin{aligned} i_u &= \sqrt{2}I\cos\omega t \\ i_v &= \sqrt{2}I\cos\left(\omega t - \frac{2}{3}\pi\right) \\ i_w &= \sqrt{2}I\cos\left(\omega t + \frac{2}{3}\pi\right) \end{aligned} \tag{6.1) 再掲 (}$$

このとき，$\alpha\beta$ 座標上の三相交流の空間ベクトルを次のように定義することができる．

$$\begin{aligned} \boldsymbol{i}_{\alpha\beta} &= \sqrt{\frac{2}{3}}\left(i_u + e^{j\frac{2}{3}\pi}i_v + e^{-j\frac{2}{3}\pi}i_w\right) \\ &= i_\alpha + ji_\beta = \sqrt{{i_\alpha}^2 + {i_\beta}^2}(\cos\theta + j\sin\theta) \\ &= \sqrt{{i_\alpha}^2 + {i_\beta}^2}e^{j\theta} = |\boldsymbol{i}_{\alpha\beta}|\,e^{j\theta} \end{aligned} \tag{6.51}$$

すなわち，式 (6.1) に示す三相交流電流に対応する空間ベクトルは

$$\boldsymbol{i}_{\alpha\beta} = \sqrt{3}Ie^{j\omega t} \tag{6.52}$$

となる（$\theta = \omega t$ である）．繰り返すが，電流の空間ベクトルの大きさは三相電流の実効値の $\sqrt{3}$ 倍である．

このように三相電流を複素数 $1, e^{j\frac{2}{3}\pi}, e^{-j\frac{2}{3}\pi}$ により表し，空間ベクトルを複素数で定義すれば時間領域の uvw 相電流から $\alpha\beta$ 座標空間の空間ベクトルを直接表示することができる．電流ベクトルの方向はモータのエアギャップの起磁力が最大となる方向を表している．

複素数を用いると，$\alpha\beta$ 座標空間の空間ベクトルと dq 回転座標空間の空間ベクトルの変換は次のように表される．

$$\begin{aligned} \boldsymbol{i}_{dq} &= e^{-j\theta}\boldsymbol{i}_{\alpha\beta} \\ \boldsymbol{v}_{dq} &= e^{-j\theta}\boldsymbol{v}_{\alpha\beta} \end{aligned} \tag{6.53}$$

このように，静止座標の $\boldsymbol{i}_{\alpha\beta}$ に $e^{-j\theta}$ を掛けることで回転座標の $\boldsymbol{i}_{dq}$ に変換されることになる．また，回転座標の $\boldsymbol{i}_{dq}$ に $e^{j\theta}$ を掛けると静止座標の $\boldsymbol{i}_{\alpha\beta}$ に変換されることになる．

$$\begin{aligned} \boldsymbol{i}_{\alpha\beta} &= e^{j\theta}\boldsymbol{i}_{dq} \\ \boldsymbol{v}_{\alpha\beta} &= e^{j\theta}\boldsymbol{v}_{dq} \end{aligned} \tag{6.54}$$

複素平面上で $e^{j\theta}$ を掛けることは位相を θ だけ回転させる操作であることを思い出してほしい．さらに逆行列を用いるような変換の場合，空間ベクトルが複素数で表されていれば，単なる除算として表すことができる．

$$\frac{1}{e^{-j\omega t}} = e^{j\omega t} \tag{6.55}$$

複素数を用いると式の展開や取り扱いが楽になるため，制御の教科書では複素数表示が多く用いられている．

6.5 フェーザと空間ベクトルの違い

ここまで，空間ベクトルについて述べてきたが，空間ベクトルは交流フェーザとは異なることについて説明する．

交流フェーザとは角周波数 ω が一定の正弦波を複素数表示したものである．これに対し空間ベクトルは任意の波形の瞬時値を表している．つまり，同じようなベクトルであるが，意味するところが基本的に異なっている．

フェーザは正弦波を扱うもので，実効値と位相をベクトルにより表している．これに対し，空間ベクトルは高調波を含んだ波形であっても基本波の振幅と位相に対応する瞬時値を表すこととしている．

ベクトル図での長さの違いは，例えば，式 (6.1) に示した $i_u = \sqrt{2}I\cos\omega t$ という交流電流を表す場合，交流フェーザの長さは電流実効値の I である．一方，三相電流を空間ベクトルで表した場合，空間ベクトルは

$$\boldsymbol{i}_{\alpha\beta} = \sqrt{3}I(\cos\omega t + j\sin\omega t) \tag{6.56}$$

と表されるので，空間ベクトルの長さはフェーザの $\sqrt{3}$ 倍である．

フェーザではベクトルの方向の違いは電圧，電流などの互いの位相差を表しているに過ぎないが，空間ベクトルは起磁力の方向などの物理的な空間や方向を示している．以上のような比較を表 6.1 に示す．

表 6.1　電流の空間ベクトルとフェーザ

空間ベクトル	交流フェーザ
高調波を含む任意の波形の瞬時値を表示したもの	角周波数 ω が一定の正弦波を複素数表示したもの
基本波の振幅と位相	正弦波の実効値と位相
ベクトルの方向は互いの位相関係	ベクトルの方向は互いの位相関係
起磁力最大の方向を基準に定義	u 相の方向を基準に定義
ベクトルの長さは実効値の $\sqrt{3}$ 倍	ベクトルの長さは実効値
$\boldsymbol{i}_{\alpha\beta} = \sqrt{3}Ie^{j\omega t}$ 3 相を表示	$\dot{I}_u = I$ $\dot{I}_v = Ie^{-j\frac{2}{3}\pi}$　　1 相を表示 $\dot{I}_w = Ie^{j\frac{2}{3}\pi}$

また，空間ベクトルは二相交流理論とも混同しやすい．$\alpha\beta$ 座標空間は直交する座標軸で記述された二相交流と考えることができる．二相交流と $\alpha\beta$ 座標の空間ベクトルは同じ表示であるが意味するところが異なる．これについては第 8 章で述べる．

COLUMN

電圧ベクトルと磁束ベクトル

電流と同様に三相電圧も電圧の空間ベクトルとして表すことができます．さらに，三相交流電流により生じた回転磁界による磁束も磁束の空間ベクトル $\boldsymbol{\psi}$ として表すことができます．電圧を時間積分すると磁束が得られます．

$$\psi = \int v dt$$

電圧ベクトルを複素数で表したとき，積分は $1/j\omega$ を掛けることになります．したがって，磁束ベクトル $\boldsymbol{\psi}$ は電圧ベクトルより 90 度遅れて ωt で回転していると考えることができるのです．このときの二つの空間ベクトルの関係は図 6.9 のようになります．

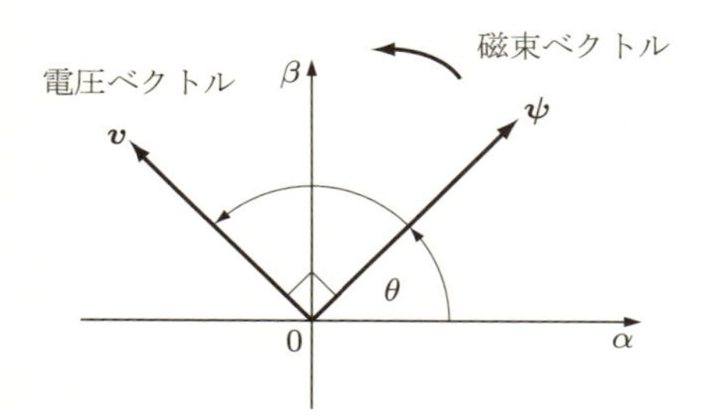

図 6.9　電圧ベクトルと磁束ベクトル

7 インダクタンス

モータは電流と磁界の相互作用で生じる電磁力を利用する．コイルに電流を流すと磁束が生じるが，磁束は電気回路ではインダクタンスにより表される．したがって，モータの制御ではインダクタンスを取り扱うことが必要である．一般に電気機器のインダクタンス解析では変圧器，巻線型同期機などすべての電気機器を包含する理論を展開する．しかし，ここでは制御によく使われる誘導モータと永久磁石同期モータに関係するインダクタンスに絞って述べてゆく．

7.1 インダクタンス

モータを制御する場合，モータのインダクタンスを使った制御モデルを用いる．そこで，まずインダクタンスについて復習する．

7.1.1 磁気回路とインダクタンス

電磁気学ではインダクタンスを次のように定義している．一つの導線回路に電流 i が流れているとき，電流によって作られる導線回路を貫く磁束 λ は電流 i に比例する．この関係を，

$$\lambda = Li \tag{7.1}$$

と表し，比例係数 L を自己インダクタンスと呼ぶ．自己インダクタンス L は導線回路の幾何学的条件によって定まる．なお，コイルの場合，導体が巻いてあるので，電流により生じる磁束 λ と磁束鎖交数 ψ は異なり，次の関係で表される．

$$\psi = N\lambda \tag{7.2}$$

ここで N はコイルの巻数である．このとき，インダクタンスは

$$L = \frac{N\lambda}{i} \tag{7.3}$$

である．

電磁誘導による誘導起電力 e はインダクタンスにより表すことができる．

$$e = -\frac{d\psi}{dt} = -L\frac{di}{dt} \tag{7.4}$$

電気回路におけるインダクタンス素子の働きは誘導起電力を生じることであると考えてよい．

次に，磁気回路における自己インダクタンスを考える．いま，図 7.1 のような環状ソレノイドを考える．鉄心の透磁率 μ，巻数 N，磁路長 $\ell\,[\mathrm{m}]$，断面積 $S\,[\mathrm{m}^2]$ であるとする．

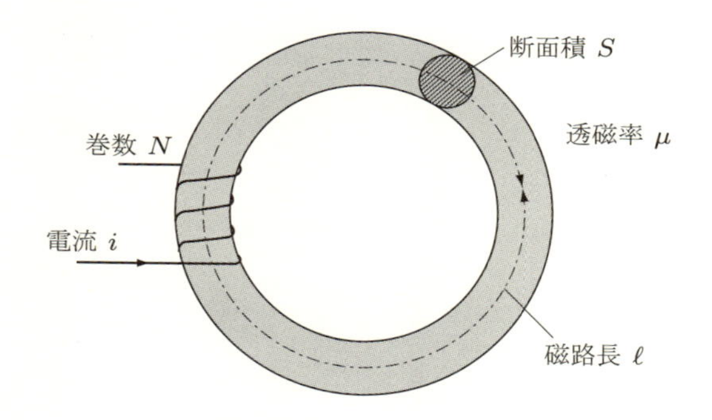

図 7.1　環状ソレノイド

導線に電流 i を流すと，鉄心内に磁束 λ ができる．鉄心内の磁束 λ は次のように表すことができる．

$$\lambda = \frac{Ni}{\left(\dfrac{\ell}{\mu S}\right)} = \frac{\mu SNi}{\ell} \tag{7.5}$$

このとき，自己インダクタンス L は次のように表される．

$$L = \frac{N\lambda}{i} = \frac{\mu S}{\ell} N^2 = P_m N^2 \tag{7.6}$$

ここで，$P_m = \mu S/\ell$ とおき，P_m をパーミアンスと呼ぶ．パーミアンスは磁束の通りやすさを示しており，磁気回路では，

$$\lambda = P_m \cdot Ni \tag{7.7}$$

を磁気回路のオームの法則と呼んでいる．パーミアンスは鉄心の透磁率 μ と形状 S/ℓ によってのみ決まる†．

次に，図 7.2 に示すような空隙がある環状ソレノイドの場合を考える．空隙の長さを d [m]，鉄心内の磁路長は ℓ [m] とし，$d \ll \ell$ とする．

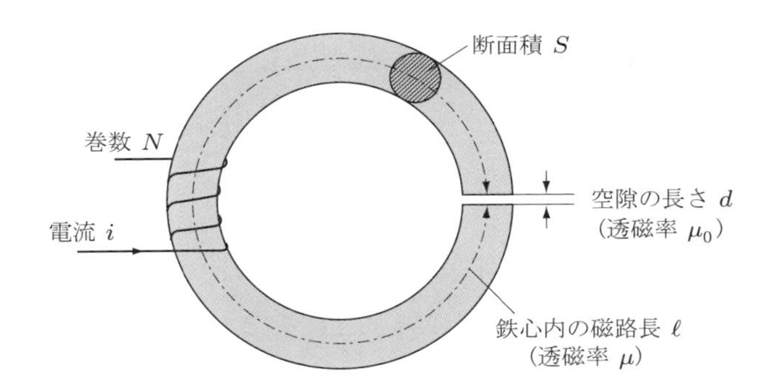

図 7.2 空隙のある環状ソレノイド

空隙がある場合，磁束は空隙を通って鉄心を一周する．しかし，鉄心と空隙は透磁率が異なるのでパーミアンスが異なる．このとき磁気回路としては二つの磁気回路を直列接続していると考える．直列磁気回路では各回路の磁気抵抗が直列接続される．このとき磁束は次のように表される．

$$\lambda = \frac{Ni}{\left(\dfrac{\ell}{\mu S}\right) + \left(\dfrac{d}{\mu_0 S}\right)} \tag{7.8}$$

したがって，式 (7.6) のようにインダクタンスを表すと次のようになる．

† パーミアンスは磁気抵抗（リラクタンス）の逆数である．

$$L = \frac{N\lambda}{i} = S\left(\frac{\mu}{\ell} + \frac{\mu_0}{d}\right)N^2 = P_m N^2 \tag{7.9}$$

つまり，合成パーミアンスは次のようになる．

$$P_m = S\left(\frac{\mu}{\ell} + \frac{\mu_0}{d}\right) \tag{7.10}$$

このように，自己インダクタンスとは磁気回路のパーミアンスとコイルの巻数により表すことができるのである．

7.1.2 エアギャップが一様な場合のインダクタンス

いま，図 7.3 に示すような断面の二重鉄心を考える．内側を回転子と呼び，外側を固定子と呼ぶことにする．回転子と固定子の間には空気層があり，これをエアギャップと呼ぶ．エアギャップの長さは円周上いずれの位置でも同一である．このようなエアギャップが一様なモータを円筒機と呼ぶ．

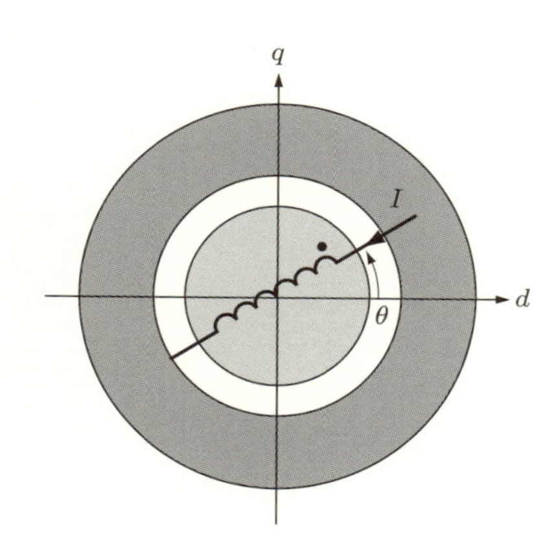

図 7.3 回転子にコイルがある円筒機

いま，回転子に巻数 N のコイルがあるとする．このときのコイルの自己インダクタンスを求める．ここで座標軸の名称は d 軸と q 軸としているが，座標軸の名称は x 軸，y 軸でも何でも構わない．直交している軸であればよい．回転子のコイルは d 軸から θ の位置にあるとする．

巻数 N のコイルの自己インダクタンスはパーミアンスを使えば次のように

表すことができる．

$$L = P_m N^2 \tag{7.11}$$

このときコイルの位置 θ にかかわらずインダクタンス L は一定である．すなわち

$$L(\theta) = L \tag{7.12}$$

と書くことができる．

7.1.3 固定子が突極の場合のインダクタンス

図 7.4(a) に示すように固定子の内径が位置により異なる場合を考える．このような鉄心の形状を突極と呼ぶ．また突極構造をもつモータを突極機と呼ぶ．

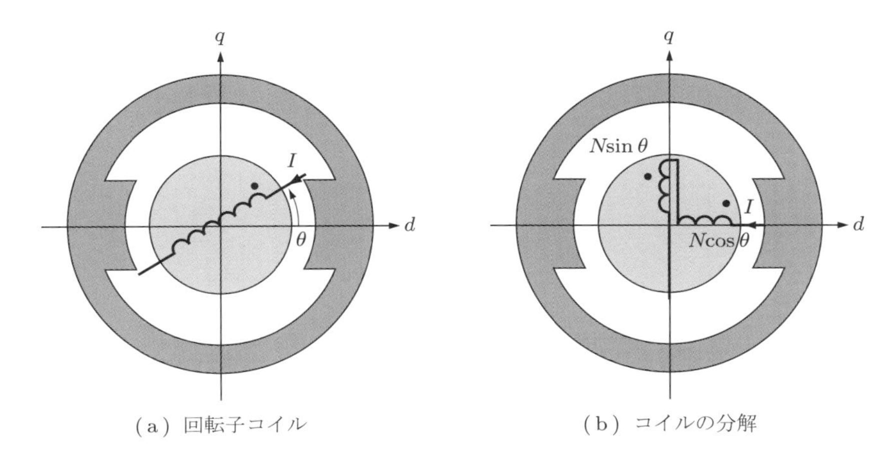

図 7.4　回転子にコイルがある突極機

固定子が突極なので，エアギャップの長さが θ の位置によって異なる．このような場合の回転子コイルの自己インダクタンスを求める．この場合，エアギャップの小さい d 軸方向とエアギャップの大きい q 軸方向では磁路中のエアギャップの長さが異なるので，図 7.5 に示すように，パーミアンスが異なることを考慮しなくてはならない．

そのため，図 7.4(a) の巻数 N のコイルを図 7.4(b) に示すように d 軸成分

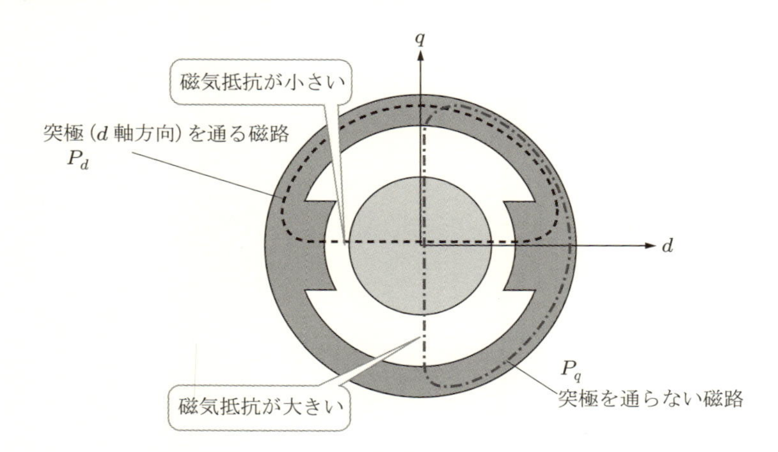

図 7.5　突極の磁路とパーミアンス

および q 軸成分に分解した二つのコイルを直列接続したものと考えることにする．図 7.4(b) の二つのコイルの巻数を次のように d 軸成分と q 軸成分の巻数に分解する．

$$
\begin{aligned}
N'_d &= N\cos\theta \\
N'_q &= N\sin\theta
\end{aligned}
\tag{7.13}
$$

ここで，d 軸方向と q 軸方向のそれぞれの鉄心を通る磁路のパーミアンスを P_d，P_q とする．これらのパーミアンスにより二つのコイルの自己インダクタンスを表すと次のようになる．

$$
\begin{aligned}
L'_d &= P_d {N'_d}^2 \\
L'_q &= P_q {N'_q}^2
\end{aligned}
\tag{7.14}
$$

d 軸と q 軸は直交しているのでそれぞれの磁束はお互いに鎖交しない．そのため二つのコイルの間には相互インダクタンスはない．したがって，二つのコイルを直列接続したときの合成インダクタンスは単純に自己インダクタンスの和となる．すなわち図 7.4(a) の巻数 N のコイルの自己インダクタンスは次のように表すことができることになる．

$$L(\theta) = L'_d + L'_q = L_d \cos^2\theta + L_q \sin^2\theta \tag{7.15}$$

ここで，

$$\begin{aligned} L_d &= P_d N^2 \\ L_q &= P_q N^2 \end{aligned} \tag{7.16}$$

である．

突極機の場合，回転子コイルの自己インダクタンス $L(\theta)$ はコイルの回転角 θ によって変化する．

一方，前項で述べたエアギャップが一様な円筒機の場合は $P_d = P_q$ なので，次のように表すことができる．

$$L(\theta) = L_d = L_q = L \tag{7.17}$$

円筒機は突極機の特殊な場合と考えることができる．

7.2 相互インダクタンス

コイルが二つ以上ある場合，複数のコイルの間の磁気的な結合を表す相互インダクタンスを考える必要がある．

7.2.1 回転子にコイルが二つある場合の相互インダクタンス

コイルが複数ある場合，それぞれの磁束は互いに鎖交するので相互インダクタンスがある．まず，回転子にコイルが二つある場合を考える．図 7.6 に示すように d 軸から θ の位置にある巻数 N_α のコイルと d 軸から θ' の位置にある巻数 N_β のコイルを考える．

まず，d 軸から θ の位置にある巻数 N_α のコイルの巻数を d 軸成分と q 軸成分の巻数に分解すると次のようになる．

$$\begin{aligned} N'_{d\alpha} &= N_\alpha \cos\theta \\ N'_{q\alpha} &= N_\alpha \sin\theta \end{aligned} \tag{7.18}$$

同様に，d 軸から θ' の位置にある巻数 N_β のコイルの巻数を d 軸成分と q

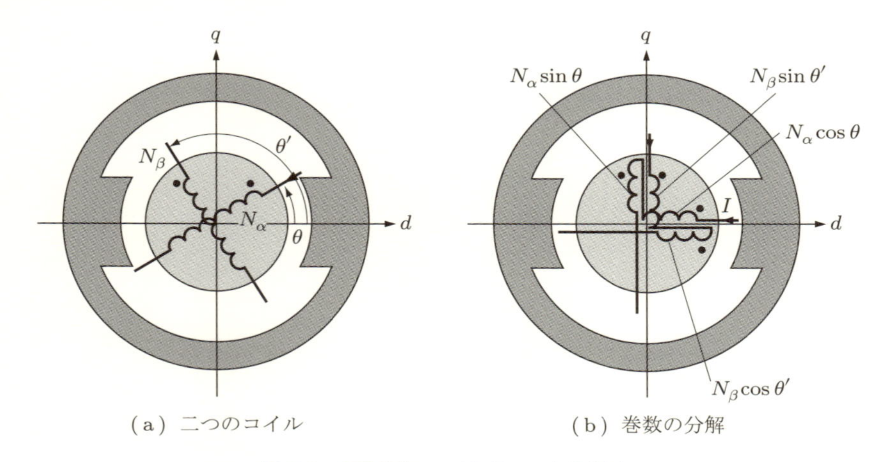

図 7.6　回転子にコイルが二つある場合

軸成分の巻数に分解すると次のようになる．

$$\begin{aligned} N'_{d\beta} &= N_\beta \cos\theta' \\ N'_{q\beta} &= N_\beta \sin\theta' \end{aligned} \tag{7.19}$$

このように巻数を分解すると，d 軸上に $N'_{d\alpha}$ と $N'_{d\beta}$ の二つのコイルがあることになる．この二つのコイルには相互インダクタンスがあり，次のように表すことができる．

$$M_d = P_d N_\alpha N_\beta \cos\theta \cos\theta' \tag{7.20}$$

同様に q 軸上には $N'_{q\alpha}$ と $N'_{q\beta}$ の二つのコイルがあり，二つのコイルの相互インダクタンスは次のように表すことができる．

$$M_q = P_q N_\alpha N_\beta \sin\theta \sin\theta' \tag{7.21}$$

d 軸と q 軸は直交しているから d 軸上のコイルと q 軸上のコイルの間には相互インダクタンスはない．したがって，全体の相互インダクタンスは d 軸と q 軸の相互インダクタンスの和となり，次のように表すことができる．

$$\begin{aligned} M(\theta) &= M_d + M_q \\ &= P_d N_\alpha N_\beta \cos\,\theta \cos\,\theta' + P_q N_\alpha N_\beta \sin\,\theta \sin\,\theta' \end{aligned} \tag{7.22}$$

ここで N_α と N_β の二つのコイルの巻数は等しく，互いに直交しているとする．すなわち，次のように仮定する．

$$N_\alpha = N_\beta = N \tag{7.23}$$

$$\theta' = \theta + \frac{\pi}{2} \tag{7.24}$$

このとき相互インダクタンスは次のように表すことができる．

$$\begin{aligned} M(\theta) &= -\frac{1}{2}(P_d - P_q) N^2 \sin 2\theta \\ &= -\frac{1}{2}(L_d - L_q) \sin 2\theta \end{aligned} \tag{7.25}$$

また，7.1.2 項で述べた円筒機の場合，$P_d = P_q$ なので，

$$M(\theta) = 0 \tag{7.26}$$

となる．円筒機ではコイルが二つあっても相互インダクタンスは考えなくてもよい．円筒機は相互インダクタンスにおいても突極機の特殊な場合と考えることができる．

7.2.2 固定子コイルと回転子コイルの相互インダクタンス

次に，図 7.7 に示すように回転子に巻数 N_α のコイルがあり，固定子に巻数 N_d のコイルがある場合を考える．

図 7.7 に示す固定子のコイル N_d は図 7.6 における N_β の位置を $\theta' = 0$ として表すことができる．すなわち，回転子上に二つのコイルがある場合の式 (7.22) に，$\theta' = 0$ と $N_\beta = N_d$ を代入すればよい．その結果，次のように相互インダクタンスを表すことができる．

$$\begin{aligned} M_{d\alpha}(\theta) = M_d + M_q &= P_d N_\alpha N_\beta \cos\theta \cos\theta' + P_q N_\alpha N_\beta \sin\theta \sin\theta' \\ &= P_d N_d N_\alpha \cos\theta \end{aligned} \tag{7.27}$$

このように異なる鉄心上のコイルの間の相互インダクタンスも同一鉄心上のコイルの間の相互インダクタンスと同じように考えることができる．N_q と N_β との間でも同様に求めることができる．

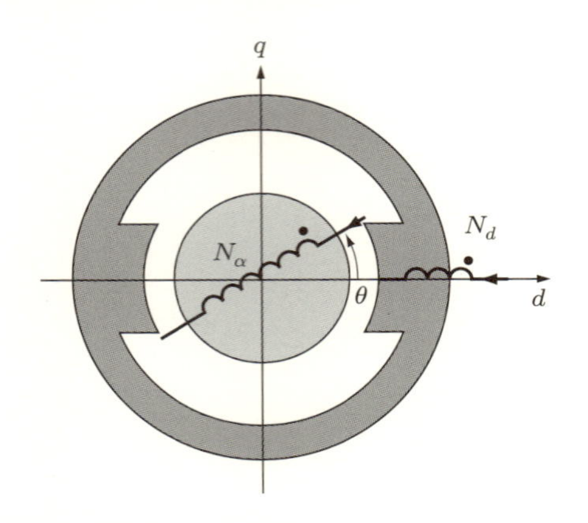

図 7.7　回転子と固定子にそれぞれコイルがある場合

ここまで，コイルの自己インダクタンス，相互インダクタンスはパーミアンスと巻数により表現できることを述べた．

7.3　インダクタンス行列

7.3.1　インダクタンスの行列表示

これまでに得られた自己インダクタンス，相互インダクタンスをまとめて行列形式で表示してゆく．まず，図 7.7 に示した固定子，回転子にそれぞれコイルがある場合を考える．二つのコイルを図 7.8 に示すように，回転子コイルは

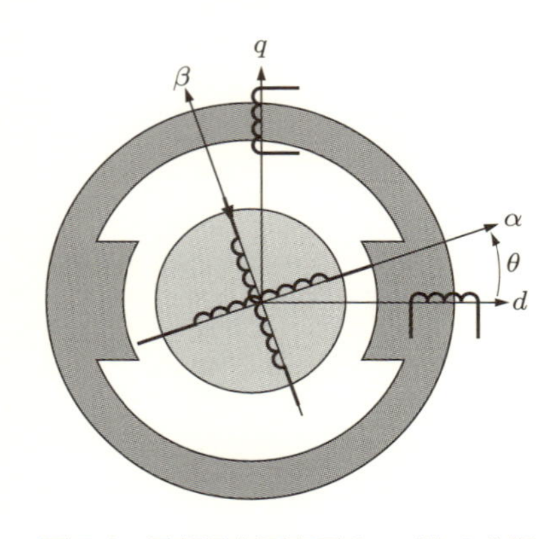

図 7.8　回転子と固定子のコイルの分解

$\alpha\beta$ 軸成分に分解し，固定子コイルは dq 軸成分に分解して考える．これまでと同様に，α 軸は d 軸から θ の位置にあるとする．

これまで得られたインダクタンスはすべて次に示す 4 行 4 列の行列を使って表すことができる．ここで行列の外には行および列の名称を示している．記号 s は固定子，r は回転子を表している．

$$[L]=\begin{array}{c} \\ s_d \\ s_q \\ r_\alpha \\ r_\beta \end{array}\begin{array}{c} \begin{array}{cccc} s_d & s_q & r_\alpha & r_\beta \end{array} \\ \left[\begin{array}{cccc} P_dN_d^2 & 0 & P_dN_dN_\alpha\cos\theta & -P_dN_dN_\beta\sin\theta \\ 0 & P_qN_q^2 & P_qN_qN_\alpha\sin\theta & P_qN_qN_\beta\cos\theta \\ P_dN_dN_\alpha\cos\theta & P_qN_qN_\alpha\sin\theta & (P_d\cos^2\theta+P_q\sin^2\theta)N_\alpha^2 & -\frac{1}{2}(P_d-P_q)N_\alpha N_\beta\sin2\theta \\ -P_dN_dN_\beta\sin\theta & P_qN_qN_\beta\cos\theta & -\frac{1}{2}(P_d-P_q)N_\alpha N_\beta\sin2\theta & (P_d\sin^2\theta+P_q\cos^2\theta)N_\beta^2 \end{array}\right]\end{array} \tag{7.28}$$

この行列は複雑に見えるが，1 行 4 列と 4 行 1 列などの対応する成分は等しいので，対称行列である．また，行列の対角成分は自己インダクタンスを表している．すなわち，s_d 行 s_d 列は固定子 d 軸成分のコイルの自己インダクタンスである．また，対角成分以外の要素は相互インダクタンスを表している．すなわち，s_d 行 r_β 列は固定子 d 軸成分コイルと回転子 β 軸成分のコイルの相互インダクタンスである．

ここで，分解した回転子コイル，固定子コイルの巻数がそれぞれ等しいとする．

$$\begin{aligned} N_d &= N_q = N_s \\ N_\alpha &= N_\beta = N_r \end{aligned} \tag{7.29}$$

これは固定子，回転子コイルとも一様に，均一に巻いてあるということを示している．このとき，次のように置くことができる．

$$\begin{aligned} L_{sd} &= P_dN_s{}^2, \quad L_{sq} = P_qN_s{}^2 \\ L_{rd} &= P_dN_r{}^2, \quad L_{rq} = P_qN_r{}^2 \\ M_d &= P_dN_sN_r, \quad M_q = P_qN_sN_r \end{aligned} \tag{7.30}$$

式 (7.30) を使うと，式 (7.28) のインダクタンス行列は次のように整理できる．

$$[L] = \begin{array}{c} \\ s_d \\ s_q \\ r_\alpha \\ r_\beta \end{array} \begin{array}{cccc} s_d & s_q & r_\alpha & r_\beta \\ \left[\begin{array}{c} L_{sd} \\ 0 \\ M_d\cos\theta \\ -M_d\sin\theta \end{array}\right. & \begin{array}{c} 0 \\ L_{sq} \\ M_q\sin\theta \\ M_q\cos\theta \end{array} & \begin{array}{c} M_d\cos\theta \\ M_q\sin\theta \\ \frac{L_{rd}+L_{rq}}{2}+\frac{L_{rd}-L_{rq}}{2}\cos2\theta \\ -\frac{L_{rd}-L_{rq}}{2}\sin2\theta \end{array} & \left.\begin{array}{c} -M_d\sin\theta \\ M_q\cos\theta \\ -\frac{L_{rd}-L_{rq}}{2}\sin2\theta \\ \frac{L_{rd}+L_{rq}}{2}-\frac{L_{rd}-L_{rq}}{2}\cos2\theta \end{array}\right] \end{array} \tag{7.31}$$

これが突極機のインダクタンス行列の一般化表示である．

さらに，エアギャップが均一な円筒機を考えると次のように置くことができる．

$$\begin{aligned} M_d &= M_q = M \\ L_{sd} &= L_{sq} = L_s \\ L_{rd} &= L_{rq} = L_r \end{aligned} \tag{7.32}$$

式 (7.32) を使うと次のように表すことができる．

$$[L] = \begin{array}{c} \\ s_d \\ s_q \\ r_\alpha \\ r_\beta \end{array} \begin{array}{cccc} s_d & s_q & r_\alpha & r_\beta \\ \left[\begin{array}{c} L_s \\ 0 \\ M\cos\theta \\ -M\sin\theta \end{array}\right. & \begin{array}{c} 0 \\ L_s \\ M\sin\theta \\ M\cos\theta \end{array} & \begin{array}{c} M\cos\theta \\ M\sin\theta \\ L_r \\ 0 \end{array} & \left.\begin{array}{c} -M\sin\theta \\ M\cos\theta \\ 0 \\ L_r \end{array}\right] \end{array} \tag{7.33}$$

この式はさらに簡単化して次のように表示することができる．

$$[L] = \begin{bmatrix} L_s\boldsymbol{E} & M\boldsymbol{C}(\theta) \\ M\boldsymbol{C}(\theta)^T & L_r\boldsymbol{E} \end{bmatrix} \tag{7.34}$$

ただし，

$$\boldsymbol{E} = \begin{bmatrix} 1 & 0 \\ 0 & 1 \end{bmatrix}, \quad \boldsymbol{C}(\theta) = \begin{bmatrix} \cos\theta & -\sin\theta \\ \sin\theta & \cos\theta \end{bmatrix}$$
$$\boldsymbol{C}(\theta)^T = \begin{bmatrix} \cos\theta & \sin\theta \\ -\sin\theta & \cos\theta \end{bmatrix} \tag{7.35}$$

としている．ここに出てくる $\boldsymbol{C}(\theta)$ は式 (6.20) で述べた空間ベクトルを θ だけ回転させる操作を行う行列である．

7.3.2 回転子が突極の場合のインダクタンス行列

これまでは図 7.8 に示したように固定子が突極であり，固定子の座標軸を dq 軸としていた．ここでは固定子が円筒型で回転子が突極の場合のインダクタンス行列について述べる．

回転子が突極の場合，回転子が dq 座標上にあり，固定子が $\alpha\beta$ 座標にあると考える．これを図 7.9 に示す．

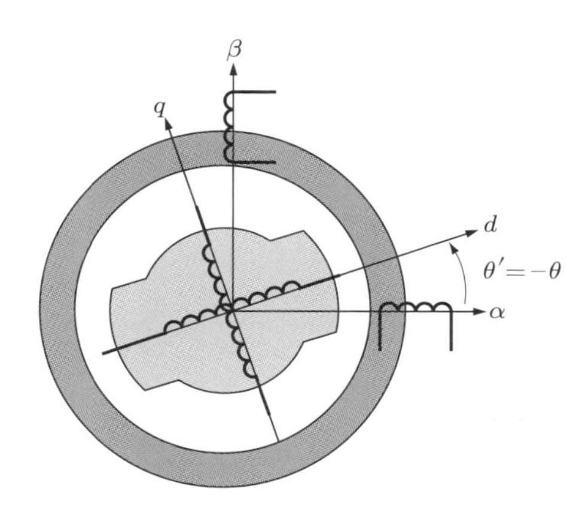

図 7.9 回転子が突極の場合のコイルの座標系

このとき，回転子と固定子の役割が入れ替わるが，単純に添え字の dq と $\alpha\beta$ を入れ替えるわけではない．これまで d 軸から α 軸の角度を θ としていたので，この座標系では d 軸から α 軸の角度は $-\theta$ となる．そこで，$\theta' = -\theta$ としてインダクタンス行列を書いてみると次のようになる．

$$
[L]=\begin{array}{c} \\ s_\alpha \\ s_\beta \\ r_d \\ r_q \end{array}
\begin{array}{c}
\begin{array}{cccc} s_\alpha & s_\beta & r_d & r_q \end{array} \\
\left[\begin{array}{cccc}
\dfrac{L_{sd}+L_{sq}}{2}+\dfrac{L_{sd}-L_{sq}}{2}\cos2\theta' & \dfrac{L_{sd}-L_{sq}}{2}\sin2\theta' & M_d\cos\theta' & -M_q\sin\theta' \\
\dfrac{L_{sd}-L_{sq}}{2}\sin2\theta' & \dfrac{L_{sd}+L_{sq}}{2}-\dfrac{L_{sd}-L_{sq}}{2}\cos2\theta' & M_d\sin\theta' & M_q\cos\theta' \\
M_d\cos\theta' & M_d\sin\theta' & L_{rd} & 0 \\
-M_q\sin\theta' & M_q\cos\theta' & 0 & L_{rq}
\end{array}\right]
\end{array}
\tag{7.36}
$$

式 (7.36) は永久磁石同期モータなどの回転界磁型のインダクタンス行列の一般形を示している．

7.4　漏れ磁束の導入

ここまでの説明は自己インダクタンス L と相互インダクタンス M について行ってきた．つまり，コイルに流れた電流により生じる磁束はすべてエアギャップを通り，固定子と回転子の間を鎖交する有効磁束であると考えてきた．しかし，コイルに電流を流してできる磁束には回転子と固定子の間のエアギャップを通る有効磁束 ψ だけではなく，図 7.10 に示すような，エアギャップを通らない磁束 ψ_ℓ もある．これを漏れ磁束と呼ぶ．漏れ磁束によるインダクタンスを漏れインダクタンス ℓ として，次のように表す．

$$\ell = P_\ell N^2 \tag{7.37}$$

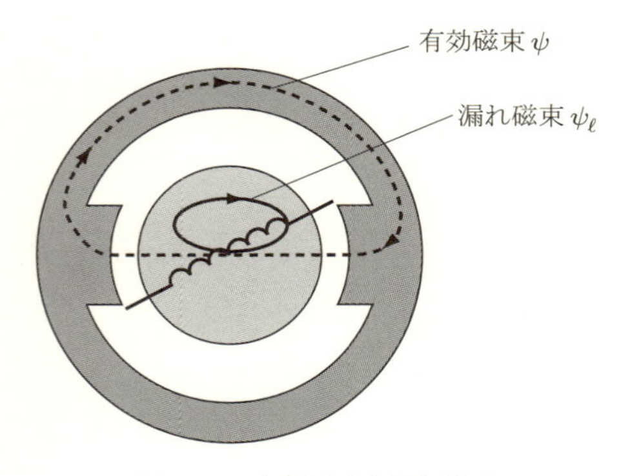

図 7.10　有効磁束と漏れ磁束

自己インダクタンスを求める場合，エアギャップのパーミアンス P_m のほかに，漏れ磁束のパーミアンス P_ℓ も考慮する必要がある．すなわち，電流と総磁束の関係がインダクタンスなので，次のように考える必要がある．

$$L = (P_\ell + P_m)N^2 \tag{7.38}$$

自己インダクタンスを求めるときに漏れ磁束を考慮に入れるには，自己インダクタンスにさらに漏れインダクタンス ℓ を加えればよい．

これまで述べたインダクタンス行列を漏れインダクタンスを考慮して書き直すには，自己インダクタンスの項に漏れインダクタンスを加えることになる．式 (7.31) のインダクタンス行列は次のようになる．

$$[L]=\begin{array}{c|cccc} & s_d & s_q & r_\alpha & r_\beta \\ \hline s_d & \ell_s+L_{sd} & 0 & M_d\cos\theta & -M_d\sin\theta \\ s_q & 0 & \ell_s+L_{sq} & M_q\sin\theta & M_q\cos\theta \\ r_\alpha & M_d\cos\theta & M_q\sin\theta & \ell_r+\dfrac{L_{rd}+L_{rq}}{2}+\dfrac{L_{rd}-L_{rq}}{2}\cos2\theta & -\dfrac{L_{rd}-L_{rq}}{2}\sin2\theta \\ r_\beta & -M_d\sin\theta & M_q\cos\theta & -\dfrac{L_{rd}-L_{rq}}{2}\sin2\theta & \ell_r+\dfrac{L_{rd}+L_{rq}}{2}-\dfrac{L_{rd}-L_{rq}}{2}\cos2\theta \end{array} \tag{7.39}$$

ここで，ℓ_s は固定子の漏れインダクタンス，ℓ_r は回転子の漏れインダクタンスである．

円筒機の場合のインダクタンス行列の式 (7.33) に漏れインダクタンスを考慮すると次のようになる．

$$\begin{aligned}[L] &= \begin{array}{c|cccc} & s_d & s_q & r_\alpha & r_\beta \\ \hline s_d & \ell_s+L_s & 0 & M\cos\theta & -M\sin\theta \\ s_q & 0 & \ell_s+L_s & M\sin\theta & M\cos\theta \\ r_\alpha & M\cos\theta & M\sin\theta & \ell_r+L_r & 0 \\ r_\beta & -M\sin\theta & M\cos\theta & 0 & \ell_r+L_r \end{array} \\ &= \begin{bmatrix} (\ell_s+L_s)\boldsymbol{E} & M\boldsymbol{C}(\theta) \\ M\boldsymbol{C}(\theta)^T & (\ell_r+L_{r)}\boldsymbol{E} \end{bmatrix}\end{aligned} \tag{7.40}$$

回転子が突極の式 (7.36) に漏れインダクタンスを導入すると次のようになる．

$$[L]=\begin{array}{c} \\ s_\alpha \\ s_\beta \\ r_d \\ r_q \end{array}\begin{array}{c} \begin{matrix} s_\alpha & s_\beta & r_d & r_q \end{matrix} \\ \left[\begin{matrix} \ell_s+\dfrac{L_{sd}+L_{sq}}{2}+\dfrac{L_{sd}-L_{sq}}{2}\cos 2\theta' & \dfrac{L_{sd}-L_{sq}}{2}\sin 2\theta' & M_d\cos\theta' & -M_q\sin\theta' \\ \dfrac{L_{sd}-L_{sq}}{2}\sin 2\theta' & \ell_s+\dfrac{L_{sd}+L_{sq}}{2}-\dfrac{L_{sd}-L_{sq}}{2}\cos 2\theta' & M_d\sin\theta' & M_q\cos\theta' \\ M_d\cos\theta' & M_d\sin\theta' & \ell_r+L_{rd} & 0 \\ -M_q\sin\theta' & M_q\cos\theta' & 0 & \ell_r+L_{rq} \end{matrix}\right] \end{array} \tag{7.41}$$

7.5 三相機のインダクタンス行列

ここまでの説明ですべての組み合わせでのインダクタンス行列を述べた．しかし，ここまでの例では，回転子，固定子にコイルが 2 組しかない例を用いており，インダクタンス行列はすべて 4 行 4 列の行列である．一方で，三相モータはコイルが三つある．そこで，参考のため，三相モータのインダクタンス行列も示しておく．三相モータの場合，インダクタンス行列は 6 行 6 列となる．

まず突極性がない円筒機の場合を示す．すなわち，$L_d = L_q = L_s$ とする．回転子と固定子にはそれぞれ uvw 相の三相コイルがあると考える．

$$[L]=$$

$$\begin{array}{c} \\ s_u \\ s_v \\ s_w \\ r_u \\ r_v \\ r_w \end{array}\begin{array}{c} \begin{matrix} s_u & s_v & s_w & r_u & r_v & r_w \end{matrix} \\ \left[\begin{matrix} L_s & L_s\cos\left(\dfrac{2\pi}{3}\right) & L_s\cos\left(\dfrac{2\pi}{3}\right) & M\cos\theta & M\cos\left(\theta+\dfrac{2\pi}{3}\right) & M\cos\left(\theta-\dfrac{2\pi}{3}\right) \\ L_s\cos\left(\dfrac{2\pi}{3}\right) & L_s & L_s\cos\left(\dfrac{2\pi}{3}\right) & M\cos\left(\theta-\dfrac{2\pi}{3}\right) & M\cos\theta & M\cos\left(\theta+\dfrac{2\pi}{3}\right) \\ L_s\cos\left(\dfrac{2\pi}{3}\right) & L_s\cos\left(\dfrac{2\pi}{3}\right) & L_s & M\cos\left(\theta+\dfrac{2\pi}{3}\right) & M\cos\left(\theta-\dfrac{2\pi}{3}\right) & M\cos\theta \\ M\cos\theta & M\cos\left(\theta-\dfrac{2\pi}{3}\right) & M\cos\left(\theta+\dfrac{2\pi}{3}\right) & L_r & L_r\cos\left(\dfrac{2\pi}{3}\right) & L_r\cos\left(\dfrac{2\pi}{3}\right) \\ M\cos\left(\theta+\dfrac{2\pi}{3}\right) & M\cos\theta & M\cos\left(\theta-\dfrac{2\pi}{3}\right) & L_r\cos\left(\dfrac{2\pi}{3}\right) & L_r & L_r\cos\left(\dfrac{2\pi}{3}\right) \\ M\cos\left(\theta-\dfrac{2\pi}{3}\right) & M\cos\left(\theta+\dfrac{2\pi}{3}\right) & M\cos\theta & L_r\cos\left(\dfrac{2\pi}{3}\right) & L_r\cos\left(\dfrac{2\pi}{3}\right) & L_r \end{matrix}\right] \end{array}$$

$$=\begin{bmatrix} L_s\boldsymbol{C}(0) & M\boldsymbol{C}(\theta) \\ M\boldsymbol{C}(\theta)^T & L_r\boldsymbol{C}(0) \end{bmatrix} \tag{7.42}$$

ここで，次のように置いている．

$$
\boldsymbol{C}(\theta)=\begin{bmatrix}
\cos\theta & \cos\left(\theta+\frac{2}{3}\pi\right) & \cos\left(\theta-\frac{2}{3}\pi\right) \\
\cos\left(\theta-\frac{2}{3}\pi\right) & \cos\theta & \cos\left(\theta+\frac{2}{3}\pi\right) \\
\cos\left(\theta+\frac{2}{3}\pi\right) & \cos\left(\theta-\frac{2}{3}\pi\right) & \cos\theta
\end{bmatrix} \tag{7.43}
$$

式 (7.42) は，$\boldsymbol{C}(\theta)$ の定義は異なってはいるが，コイルが 2 組のときの式 (7.34) と同じような表現になっていることに注意してほしい．

さらに，漏れインダクタンスを考慮した場合，次のように表される．

$$
[L]=
\begin{array}{c|cccccc|}
 & s_a & s_b & s_c & r_a & r_b & r_c \\
\hline
s_a & \ell_s+L_s & L_s\cos\left(\frac{2\pi}{3}\right) & L_s\cos\left(\frac{2\pi}{3}\right) & M\cos\theta & M\cos\left(\theta+\frac{2\pi}{3}\right) & M\cos\left(\theta-\frac{2\pi}{3}\right) \\
s_b & L_s\cos\left(\frac{2\pi}{3}\right) & \ell_s+L_s & L_s\cos\left(\frac{2\pi}{3}\right) & M\cos\left(\theta-\frac{2\pi}{3}\right) & M\cos\theta & M\cos\left(\theta+\frac{2\pi}{3}\right) \\
s_c & L_s\cos\left(\frac{2\pi}{3}\right) & L_s\cos\left(\frac{2\pi}{3}\right) & \ell_s+L_s & M\cos\left(\theta+\frac{2\pi}{3}\right) & M\cos\left(\theta-\frac{2\pi}{3}\right) & M\cos\theta \\
r_a & M\cos\theta & M\cos\left(\theta-\frac{2\pi}{3}\right) & M\cos\left(\theta+\frac{2\pi}{3}\right) & \ell_r+L_r & L_r\cos\left(\frac{2\pi}{3}\right) & L_r\cos\left(\frac{2\pi}{3}\right) \\
r_b & M\cos\left(\theta+\frac{2\pi}{3}\right) & M\cos\theta & M\cos\left(\theta-\frac{2\pi}{3}\right) & L_r\cos\left(\frac{2\pi}{3}\right) & \ell_r+L_r & L_r\cos\left(\frac{2\pi}{3}\right) \\
r_c & M\cos\left(\theta-\frac{2\pi}{3}\right) & M\cos\left(\theta+\frac{2\pi}{3}\right) & M\cos\theta & L_r\cos\left(\frac{2\pi}{3}\right) & L_r\cos\left(\frac{2\pi}{3}\right) & \ell_r+L_r
\end{array}
$$

$$
=\begin{bmatrix}
\ell_s\boldsymbol{E}+L_s\boldsymbol{C}(0) & M\boldsymbol{C}(\theta) \\
M\boldsymbol{C}(\theta)^T & \ell_r\boldsymbol{E}+L_r\boldsymbol{C}(0)
\end{bmatrix} \tag{7.44}
$$

同様に，コイルが 2 組の式 (7.39) と同じような表現になっている．

8 二相モータ

本章では三相交流モータを制御するために用いる二相モータのモデルについて説明する．一般に電力の分野では三相交流を正相分，逆相分の二相交流として考え，対称座標法を用いて解析することが多い．一方，ここで取り上げる二相モータとは 90 度離れて配置された二つのコイルで構成された二相交流のモータを指している．空間ベクトルは三相交流を正相，逆相の二相交流として考えているわけではない．ここでは空間ベクトルでモータを制御するために用いる二相モータの考え方について，インピーダンス行列として説明してゆく．

8.1 空間ベクトルと二相モータ

第 6 章にて，二つの空間ベクトルの関係は 2 行 2 列の行列で表せることを述べた．また，第 7 章ではコイルが 2 組ある場合のインダクタンス行列は 4 行 4 列の行列に整理できることを述べた．このように 2 組のコイルで構成されたモータは二相モータと呼ばれる．制御対象とするモータが二相モータであればインピーダンス行列を用いて空間ベクトルの座標上で電圧電流の演算ができるようになる．

したがって，制御対象である三相モータをコイルが 2 組，すなわち二相モータに変換できれば空間ベクトルの座標上で扱うことができるようになる．

二相モータとは図 8.1(a) に示すような空間的に 90 度離れて配置された A 相と B 相の二つのコイルにより固定子を構成するモータである．このコイルに，図 (b) に示すような，時間的に 90 度の位相差をもつ二相交流電流を流すモータである．

このような二相交流電流によりエアギャップに生じる起磁力の方向を示したのが図 (c) である．図では二相巻線を 12 スロットの固定子に巻いた状態を示

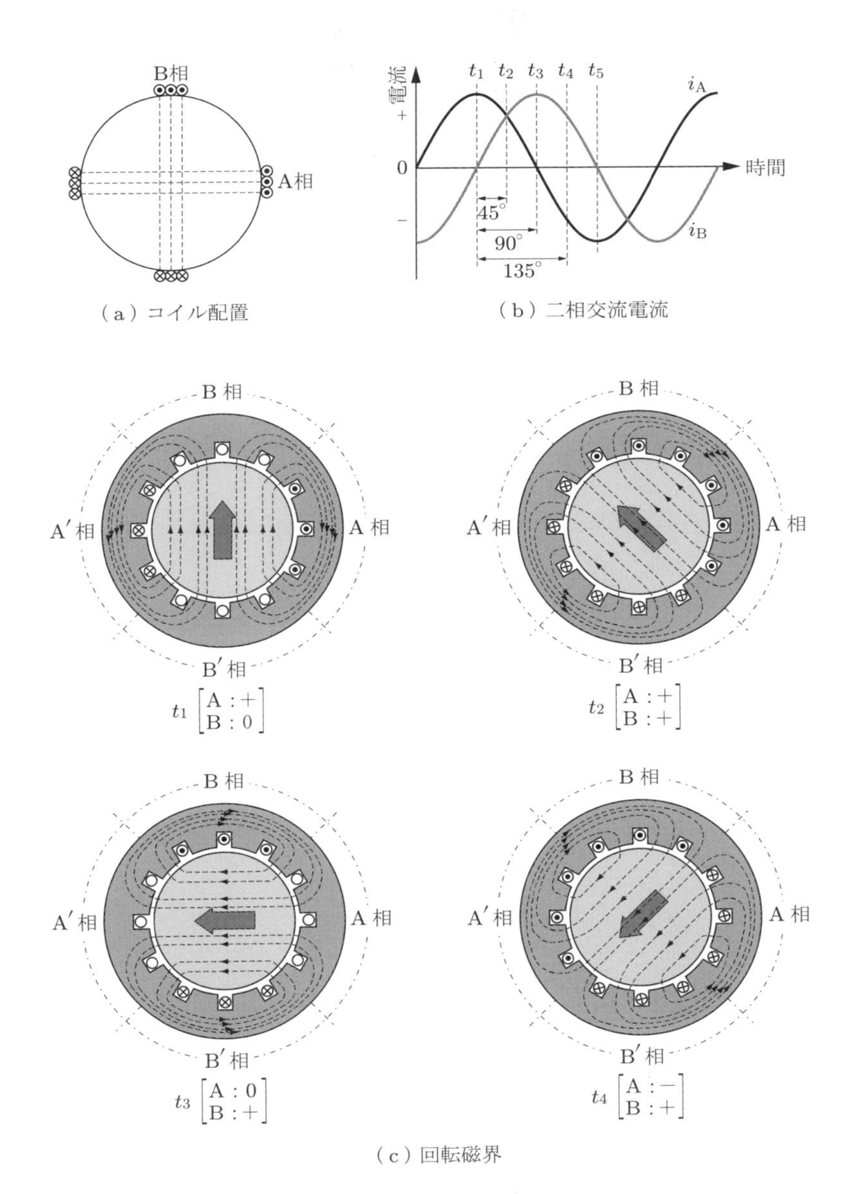
B相
A相
(a) コイル配置
電流
+
0
−
t_1 t_2 t_3 t_4 t_5
i_A
i_B
時間
45°
90°
135°
(b) 二相交流電流
B 相
A 相
A′ 相
B′ 相
t_1 [A : + / B : 0]
t_2 [A : + / B : +]
t_3 [A : 0 / B : +]
t_4 [A : − / B : +]
(c) 回転磁界

図 8.1　二相モータ

している．このとき，t_1〜t_4 の各時刻における電流の極性と，電流による起磁力の方向を順次示すと図のように反時計方向に回転する．すなわち，二相モータに二相交流電流を流せば回転磁界が得られるのである．なお，ここで述べている二相交流の A 相，B 相は静止座標上にあり，第 6 章で述べた $\alpha\beta$ 座標や dq 座標にはないということに注意を要する．

8.2 二相コイルと三相コイルのインダクタンス

ここでは 3 組のコイルで構成される三相モータを 2 組のコイルで構成される二相モータに等価変換する．三相モータで測定するインダクタンスなどの定数は三相モータの定数である．そこで，まず三相モータの定数と二相モータの定数の関係を求めてゆく．

図 8.2 に示すような互いに空間的に $2\pi/3$ の位相差をもつ三相モータにおいて，各コイルを流れる電流を，i_{su}，i_{sv}，i_{sw}，i_{ru}，i_{rv}，i_{rw} とする．すると，固定子 u 相の電圧 v_{su} は次のように表される．

$$v_{su} = \frac{d}{dt}\left\{(\ell_{s3}+L_{s3})\,i_{su} + L_{s3}\cos\left(\frac{2}{3}\pi\right)i_{sv} + L_{s3}\cos\left(-\frac{2}{3}\pi\right)i_{sw} + M_3\cos\theta\,i_{ru} + M_3\cos\left(\theta+\frac{2}{3}\pi\right)i_{rv} + M_3\cos\left(\theta-\frac{2}{3}\pi\right)i_{rw}\right\} \tag{8.1}$$

ここで，添え字 3 で示している ℓ_{s3}，L_{s3}，M_3 は三相モータの定数である．いま，三相回路は平衡しているとして，次の条件を用いる．

$$i_{su}+i_{sv}+i_{sw}=0 \tag{8.2}$$

$$i_{ru}+i_{rv}+i_{rw}=0 \tag{8.3}$$

これを用いて式を整理すると次のようになる．

$$v_{su} = \frac{d}{dt}\left[\left(\ell_{s3}+\frac{3}{2}L_{s3}\right)i_{su} + \frac{3}{2}M_3\cos\theta\,i_{ru} - \frac{3}{2}M_3\sin\theta\left\{\frac{1}{\sqrt{3}}(i_{rv}-i_{rw})\right\}\right] \tag{8.4}$$

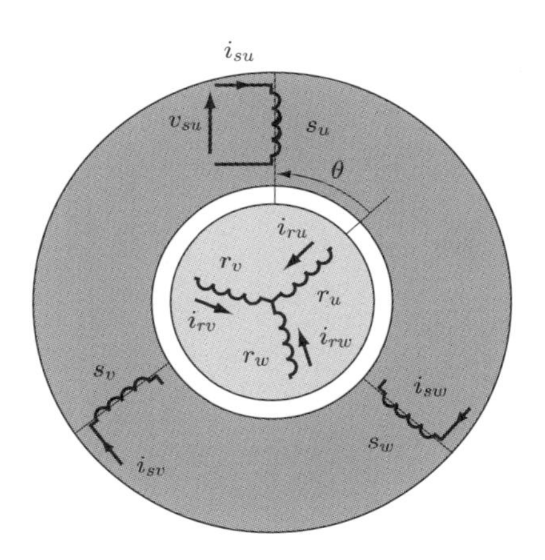

図 8.2　三相モータ

次に，図 7.8 に示したようなコイルが 2 組ある二相モータを考える．図 8.3 に示す二相モータの各コイルの電流を i_{sd}，i_{sq}，$i_{r\alpha}$，$i_{r\beta}$ とする．添え字 2 で示す ℓ_{s2}，L_{s2}，M_2 は二相モータの定数である．

三相モータと同じように固定子 d 相の電圧 v_{sd} を求めると次のようになる．

$$v_{sd} = \frac{d}{dt}\left[(\ell_{s2} + L_{s2})\, i_{sd} + M_2 \cos\theta i_{r\alpha} - M_2 \sin\theta i_{r\beta}\right] \tag{8.5}$$

ここで, 式 (8.4), (8.5) を比較する．式 (8.4) の最後の項にある，$\dfrac{1}{\sqrt{3}}\,(i_{rv} - i_{rw})$

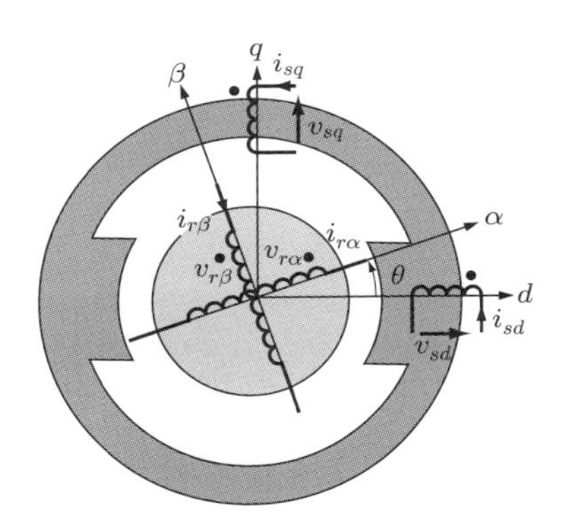

図 8.3　二相モータ

の項で示される電流ベクトルについて考える．$\alpha\beta$ 座標と uvw 座標の関係を示す図 8.4 からわかるように $i_v - i_w$ という電流ベクトルの方向は i_u より $\pi/2$ だけ進んだ方向である．つまり，i_α から $\pi/2$ 進んでいる i_β に相当する．

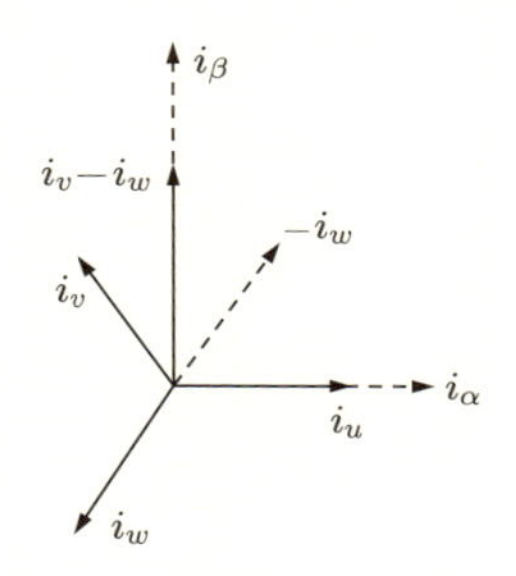

図 8.4　電流ベクトルの方向

ここで，次のように対応しているとする．

$$
\begin{aligned}
&i_{s\alpha} \to i_{sd}, \quad \frac{1}{\sqrt{3}}(i_{sv} - i_{sw}) \to i_{sq} \\
&i_{ru} \to i_{r\alpha}, \quad \frac{1}{\sqrt{3}}(i_{ru} - i_{rw}) \to i_{r\beta} \\
&v_{su} \to v_{sd}, \quad \frac{1}{\sqrt{3}}(v_{sv} - v_{sw}) \to v_{sq}
\end{aligned}
\tag{8.6}
$$

すると式 (8.4)，(8.5) の各項はそれぞれ対応していると考えることができる．すなわち，式 (8.5) で用いている二相モータの定数 L_{s2}，M_2 は，式 (8.4) で用いている三相モータの定数の $(3/2)L_{s3}$，$(3/2)M_3$ にそれぞれ対応するということがわかる．

したがって，三相モータで測定したインダクタンスを用いて二相モータのインダクタンス行列を表す場合，次のように書かなくてはならない．

$$
[L] = \begin{bmatrix} \left(\ell_s + \dfrac{3}{2}L_{s3}\right)\boldsymbol{E} & \dfrac{3}{2}M_3\boldsymbol{C}(\theta) \\ \dfrac{3}{2}M_3\boldsymbol{C}(\theta)^T & \left(\ell_r + \dfrac{3}{2}L_{r3}\right)\boldsymbol{E} \end{bmatrix}
\tag{8.7}
$$

以上の定数の対応を再度まとめると表 8.1 のようになる．ここでは次節で導入するコイル抵抗についても記載している．

表 8.1　二相モータと三相モータの定数の対応

	二相モータの定数	三相モータの定数を使った場合の二相モータの定数
$\frac{3}{2}$ を考慮するもの	主インダクタンス	$L_{s2} = \frac{3}{2} L_{s3}$
		$L_{r2} = \frac{3}{2} L_{r3}$
	相互インダクタンス	$M_2 = \frac{3}{2} M_3$
二相モータ，三相モータで同一のもの	漏れインダクタンス	$\ell_{s2} = \ell_{s3}$ $\ell_{r2} = \ell_{r3}$
	コイル抵抗	$R_{s2} = R_{s3}$ $R_{r2} = R_{r3}$

* R_s，R_r はコイル抵抗である．

8.3　二相モータの回路方程式

ここで，二相モータの電圧方程式を求めるため，インダクタンスのほかにコイル抵抗も考慮したインピーダンスを用いて各コイルの電圧と電流の関係を求める．図 8.3 に示した二相モータは固定子が突極であり，固定子を界磁と考えていた．一方，図 7.9 に示した回転子が突極の場合は回転子を界磁と考えている．本書で取り上げる永久磁石同期モータは回転子を界磁とする回転界磁型である．したがって，ここでは回転子が突極の場合の図 8.5 を基に電圧方程式について説明する．なお，図 8.5 は図 7.9 のコイルだけを抜き出して示した図である．

電圧，電流の関係を示す電圧方程式は次のようになる．このときインピーダンス行列 $[Z]$ として表すこともできるが，ここでは巻線抵抗による電圧降下を表す行列 $[R]$ と誘起電圧に関するインダクタンス行列 $[L]$ を分けて考える．

$$\boldsymbol{v} = [Z]\boldsymbol{i} = [R]\boldsymbol{i} + \frac{d}{dt}\{[L]\boldsymbol{i}\} \tag{8.8}$$

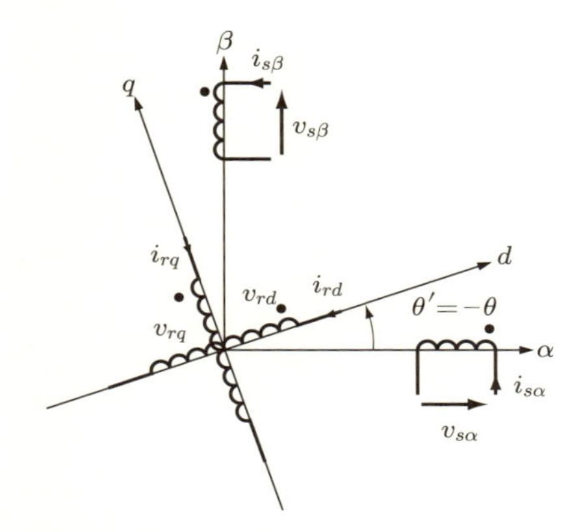

図 8.5　回転子が突極の場合の座標系（図 7.9 のコイルだけを示す）

各項を書き出すと次のようになる.

$$\begin{bmatrix} v_{s\alpha} \\ v_{s\beta} \\ v_{rd} \\ v_{rq} \end{bmatrix} = [R] \begin{bmatrix} i_{s\alpha} \\ i_{s\beta} \\ i_{rd} \\ i_{rq} \end{bmatrix} + \frac{d}{dt} \left\{ [L] \begin{bmatrix} i_{s\alpha} \\ i_{s\beta} \\ i_{rd} \\ i_{rq} \end{bmatrix} \right\} \tag{8.9}$$

式 (8.9) を式 (7.41) で示した回転子が突極の場合のインダクタンス行列 $[L]$ を用いて書き出すと次のようになる.

$$\begin{bmatrix} v_{s\alpha} \\ v_{s\beta} \\ v_{rd} \\ v_{rq} \end{bmatrix} = \begin{bmatrix} R_s & 0 & 0 & 0 \\ 0 & R_s & 0 & 0 \\ 0 & 0 & R_r & 0 \\ 0 & 0 & 0 & R_r \end{bmatrix} \begin{bmatrix} i_{s\alpha} \\ i_{s\beta} \\ i_{rd} \\ i_{rq} \end{bmatrix}$$
$$+\frac{d}{dt}\left\{ \begin{bmatrix} \ell_s+\frac{L_{sd}+L_{sq}}{2}+\frac{L_{sd}-L_{sq}}{2}\cos2\theta' & \frac{L_{sd}-L_{sq}}{2}\sin2\theta' & M_d\cos\theta' & -M_q\sin\theta' \\ \frac{L_{sd}-L_{sq}}{2}\sin2\theta' & \ell_s+\frac{L_{sd}+L_{sq}}{2}-\frac{L_{sd}-L_{sq}}{2}\cos2\theta' & M_d\sin\theta' & M_q\cos\theta' \\ M_d\cos\theta' & M_d\sin\theta' & \ell_r+L_{rd} & 0 \\ -M_q\sin\theta' & M_q\cos\theta' & 0 & \ell_r+L_{rq} \end{bmatrix} \begin{bmatrix} i_{s\alpha} \\ i_{s\beta} \\ i_{rd} \\ i_{rq} \end{bmatrix} \right\} \tag{8.10}$$

8.4　二相モータの発生トルク

前節で得られた二相モータの電圧方程式を用いて発生トルクを導出する．式 (8.8) で示した電圧方程式の右辺を抵抗による電圧降下の項，インダクタンスに蓄えられるエネルギに関する項と，モータの機械的な出力となる項に分ければトルクを得ることができる．そのためにまず，インダクタンス行列を θ に無関係で一定な自己インダクタンスの項と θ により変化する相互インダクタンスの項に分けて考える．そのためには右辺第 2 項を θ による偏微分を使って表す．

$$\begin{aligned} \boldsymbol{v} &= [R]\boldsymbol{i} + \frac{d}{dt}\{[L]\boldsymbol{i}\} \\ &= [R]\boldsymbol{i} + [L]\frac{d\boldsymbol{i}}{dt} + \dot{\theta}\frac{\partial[L]}{\partial\theta}\boldsymbol{i} \end{aligned} \tag{8.11}$$

電圧に電流を掛ければ電力になるので，式 (8.11) の電圧方程式に左から電流を掛ける．このモータに入力する電力 P_i は次のように求めることができる．

$$\begin{aligned} P_i &= \boldsymbol{i}^T\boldsymbol{v} \\ &= \boldsymbol{i}^T[R]\boldsymbol{i} + \boldsymbol{i}^T[L]\frac{d\boldsymbol{i}}{dt} + \dot{\theta}\boldsymbol{i}^T\frac{\partial[L]}{\partial\theta}\boldsymbol{i} \end{aligned} \tag{8.12}$$

ここで，式の展開のため，次のような考察を行う．インダクタンス行列 $[L]$ に蓄えられる磁気エネルギ $\frac{1}{2}\boldsymbol{i}^T[L]\boldsymbol{i}$ の時間的な変化，すなわち時間微分は次のように表される．

$$\begin{aligned} \frac{d}{dt}\left\{\frac{1}{2}\boldsymbol{i}^T[L]\boldsymbol{i}\right\} &= \frac{1}{2}\left\{\frac{d\boldsymbol{i}^T}{dt}[L]\boldsymbol{i} + \boldsymbol{i}^T\frac{d[L]}{dt}\boldsymbol{i} + \boldsymbol{i}^T[L]\frac{d\boldsymbol{i}}{dt}\right\} \\ &= \boldsymbol{i}^T[L]\frac{d\boldsymbol{i}}{dt} + \frac{1}{2}\dot{\theta}\boldsymbol{i}^T\frac{\partial[L]}{\partial\theta}\boldsymbol{i} \end{aligned} \tag{8.13}$$

なお，式 (8.13) 中の式の変形は行列計算の性質を使って行っている．ここでは説明は省略するが，興味のある読者はきちんと計算してみていただきたい．

式 (8.13) の結果を利用して入力電力の式 (8.12) を書き直してみると次のようになる．

$$P_i = \boldsymbol{i}^T[R]\boldsymbol{i} + \frac{d}{dt}\left\{\frac{1}{2}\boldsymbol{i}^T[L]\boldsymbol{i}\right\} + \frac{1}{2}\dot{\theta}\boldsymbol{i}^T\frac{\partial[L]}{\partial\theta}\boldsymbol{i} \tag{8.14}$$

右辺の第 1 項は抵抗でのジュール熱による損失を示す．第 2 項はインダクタンスに蓄えられるエネルギの時間微分であり，インダクタンスに出入りする電力を示している．第 3 項が機械的出力 P_o となる．

$$P_o = \frac{1}{2}\dot{\theta}\boldsymbol{i}^T\frac{\partial[L]}{\partial\theta}\boldsymbol{i} \tag{8.15}$$

出力 P_o [W] をトルク T [Nm] と回転数 ω [rad/s] で表すと次のようになる．

$$P_o = T\omega = T\dot{\theta} \tag{8.16}$$

したがって，トルクは次のように表される．

$$T = \frac{1}{2}\boldsymbol{i}^T\frac{\partial[L]}{\partial\theta}\boldsymbol{i} \tag{8.17}$$

なお，ここまで電気角 θ で説明してきたが，ここで実際の軸の機械角 θ_M を考える．二極機の場合，トルクは式 (8.17) で表されるが，多極機の場合，実際の機械的出力 T_M，機械的回転数 ω_M は極対数 P_n を使って表す必要がある（極対数 P_n は極数 P と $2P_n = P$ の関係にある）．

$$\omega_M = \dot{\theta}_M = \frac{\dot{\theta}}{P_n} \tag{8.18}$$

実際に出力される軸トルクは次のようになる．

$$T_M = P_n T \tag{8.19}$$

ここで，インダクタンス行列 $[L]$ には相互インダクタンス M が含まれている．自己インダクタンス L は θ によって変化せず，一定であるのに対し，相互インダクタンス M は θ により変化する．そこで，インダクタンス行列を次のように書く場合がある．

$$[Z] = [R] + \frac{d}{dt}[L] + \frac{d}{dt}[M] \tag{8.20}$$

このように分離すると，$[M]$ は θ で変化するので出力やトルクを求めるとき，$[L]$ に蓄えられるエネルギと $[M]$ に蓄えられるエネルギについて分離して計算できる．このとき，式 (8.17) で示されたトルクは次のように表される．

$$T = \frac{1}{2}\boldsymbol{i}^T \frac{\partial [M]}{\partial \theta}\boldsymbol{i} \tag{8.21}$$

8.5 磁束鎖交数の導入

ここまでで，トルクの一般式が式 (8.17) で表されることを述べた．ここでは，トルクを具体的なインダクタンス行列により表してみる．まず，式 (7.40) で示した円筒機のインダクタンス行列の θ による偏微分を求める．

$$[L] = \begin{array}{c} \\ s_d \\ s_q \\ r_\alpha \\ r_\beta \end{array}\!\!\begin{array}{c} \begin{array}{cccc} s_d & s_q & r_\alpha & r_\beta \end{array} \\ \begin{bmatrix} \ell_s + L_s & 0 & M\cos\theta & -M\sin\theta \\ 0 & \ell_s + L_s & M\sin\theta & M\cos\theta \\ M\cos\theta & M\sin\theta & \ell_r + L_r & 0 \\ -M\sin\theta & M\cos\theta & 0 & \ell_r + L_r \end{bmatrix} \end{array} \qquad \text{(7.40) 再掲}$$

$$\begin{aligned} \frac{\partial [L]}{\partial \theta} &= \frac{\partial}{\partial \theta}\begin{bmatrix} \ell_s + L_s & 0 & M\cos\theta & -M\sin\theta \\ 0 & \ell_s + L_s & M\sin\theta & M\cos\theta \\ M\cos\theta & M\sin\theta & \ell_r + L_r & 0 \\ -M\sin\theta & M\cos\theta & 0 & \ell_r + L_r \end{bmatrix} \\ &= M\begin{bmatrix} 0 & 0 & -\sin\theta & -\cos\theta \\ 0 & 0 & \cos\theta & -\sin\theta \\ -\sin\theta & \cos\theta & 0 & 0 \\ -\cos\theta & -\sin\theta & 0 & 0 \end{bmatrix} \end{aligned} \tag{8.22}$$

この結果を式 (8.17) に代入し，トルクを表す．

$$T=\frac{1}{2}\boldsymbol{i}^T\frac{\partial[L]}{\partial\theta}\boldsymbol{i}$$

$$=\frac{1}{2}\begin{bmatrix} i_{sd} & i_{sq} & i_{r\alpha} & i_{r\beta} \end{bmatrix}M\begin{bmatrix} 0 & 0 & -\sin\theta & -\cos\theta \\ 0 & 0 & \cos\theta & -\sin\theta \\ -\sin\theta & \cos\theta & 0 & 0 \\ -\cos\theta & -\sin\theta & 0 & 0 \end{bmatrix}\begin{bmatrix} i_{sd} \\ i_{sq} \\ i_{r\alpha} \\ i_{r\beta} \end{bmatrix}$$

$$=i_{r\alpha}(-Mi_{sd}\sin\theta+Mi_{sq}\cos\theta)-i_{r\beta}(Mi_{sd}\cos\theta+Mi_{sq}\sin\theta) \tag{8.23}$$

ここで，相互インダクタンスによる起電力はコイルに鎖交する磁束により生じるので，起電力を磁束鎖交数により表す．そこで，次のように定義する．

$$\begin{aligned} (-Mi_{sd}\sin\theta+Mi_{sq}\cos\theta)&=\psi_{r\beta} \\ (Mi_{sd}\cos\theta+Mi_{sq}\sin\theta)&=\psi_{r\alpha} \end{aligned} \tag{8.24}$$

式 (8.24) は，$\psi_{r\beta}$ は固定子電流 i_{sd} と i_{sq} が作る磁束鎖交数の回転子の β 軸成分であり，$\psi_{r\alpha}$ は固定子電流 i_{sd} と i_{sq} が作る磁束鎖交数の回転子の α 軸成分を示すことを表している．

磁束鎖交数を用いてトルクを表すと，次のように表すことができる．

$$T=i_{r\alpha}\psi_{r\beta}-i_{r\beta}\psi_{r\alpha} \tag{8.25}$$

後述する永久磁石界磁のモータでは永久磁石の磁束はインダクタンスでは表すことができないので，磁束鎖交数の導入が不可欠である．

同じように，固定子が突極の場合のトルクを求める．まず，インダクタンス行列の式 (7.39) の θ による偏微分を導出する．

$$[L]=\begin{array}{c|cccc} & s_d & s_q & r_\alpha & r_\beta \\ \hline s_d & \ell_s+L_{sd} & 0 & M_d\cos\theta & -M_d\sin\theta \\ s_q & 0 & \ell_s+L_{sq} & M_q\sin\theta & M_q\cos\theta \\ r_\alpha & M_d\cos\theta & M_q\sin\theta & \ell_r+\frac{L_{rd}+L_{rq}}{2}+\frac{L_{rd}-L_{rq}}{2}\cos2\theta & -\frac{L_{rd}-L_{rq}}{2}\sin2\theta \\ r_\beta & -M_d\sin\theta & M_q\cos\theta & -\frac{L_{rd}-L_{rq}}{2}\sin2\theta & \ell_r+\frac{L_{rd}+L_{rq}}{2}-\frac{L_{rd}-L_{rq}}{2}\cos2\theta \end{array}$$

(7.39) 再掲

$$\frac{\partial[L]}{\partial\theta} = \begin{bmatrix} 0 & 0 & -M_d\sin\theta & -M_d\cos\theta \\ 0 & 0 & M_q\cos\theta & -M_q\sin\theta \\ -M_d\sin\theta & M_q\cos\theta & -(L_{rd}-L_{rq})\sin 2\theta & -(L_{rd}-L_{rq})\cos 2\theta \\ -M_d\cos\theta & -M_q\sin\theta & -(L_{rd}-L_{rq})\cos 2\theta & (L_{rd}-L_{rq})\sin 2\theta \end{bmatrix} \tag{8.26}$$

この結果を使ってトルクを表すと次のようになる．

$$\begin{aligned} T = & i_{r\alpha}(-M_d i_{sd}\sin\theta + M_q i_{sq}\cos\theta) - i_{r\beta}(M_d i_{sd}\cos\theta + M_q i_{sq}\sin\theta) \\ & - (L_{rd} - L_{rq})\, i_{r\alpha} i_{r\beta}\cos 2\theta - \frac{L_{rd} - L_{rq}}{2}\left({i_{r\alpha}}^2 - {i_{r\beta}}^2\right)\sin 2\theta \end{aligned} \tag{8.27}$$

円筒機と同じように磁束鎖交数 $\psi_{r\beta}$，$\psi_{r\alpha}$ を用いて表すと次のようになる．

$$\begin{aligned} T = & (i_{r\alpha}\psi_{r\beta} - i_{r\beta}\psi_{r\alpha}) - (L_{rd} - L_{rq})\, i_{r\alpha} i_{r\beta}\cos 2\theta \\ & - \frac{L_{rd} - L_{rq}}{2}\left({i_{r\alpha}}^2 - {i_{r\beta}}^2\right)\sin 2\theta \end{aligned} \tag{8.28}$$

この式 (8.28) の第 1 項は円筒機の式 (8.25) と同じであり，フレミングの左手の法則で示される電磁力によるトルクである．第 2 項と第 3 項は突極により生じるトルクであり，リラクタンストルクと呼ばれる．

同様に，回転子が突極の場合のトルクを求める．

回転子が突極のインダクタンス行列の式 (7.41) からトルクを求めると次のようになる．

$$[L] = \begin{array}{c} \\ s_\alpha \\ s_\beta \\ r_d \\ r_q \end{array} \begin{array}{c} \begin{array}{cccc} s_\alpha & s_\beta & r_d & r_q \end{array} \\ \begin{bmatrix} \ell_s + \frac{L_{sd}+L_{sq}}{2} + \frac{L_{sd}-L_{sq}}{2}\cos 2\theta' & \frac{L_{sd}-L_{sq}}{2}\sin 2\theta' & M_d\cos\theta' & -M_q\sin\theta' \\ \frac{L_{sd}-L_{sq}}{2}\sin 2\theta' & \ell_s + \frac{L_{sd}+L_{sq}}{2} - \frac{L_{sd}-L_{sq}}{2}\cos 2\theta' & M_d\sin\theta' & M_q\cos\theta' \\ M_d\cos\theta' & M_d\sin\theta' & \ell_r + L_{rd} & 0 \\ -M_q\sin\theta' & M_q\cos\theta' & 0 & \ell_r + L_{rq} \end{bmatrix} \end{array}$$

(7.41) 再掲

$$\frac{\partial [L]}{\partial \theta} = \begin{bmatrix} -(L_{sd}-L_{sq})\sin 2\theta' & (L_{sd}-L_{sq})\cos 2\theta' & -M_d \sin\theta' & -M_q \cos\theta' \\ (L_{sd}-L_{sq})\cos 2\theta' & (L_{sd}-L_{sq})\sin 2\theta' & M_d \cos\theta' & -M_q \sin\theta' \\ -M_d \sin\theta' & M_d \cos\theta' & 0 & 0 \\ -M_q \cos\theta' & -M_q \sin\theta' & 0 & 0 \end{bmatrix} \tag{8.29}$$

トルクは次のように表される．

$$\begin{aligned} T &= i_{rd}\left(-M_d i_{s\alpha}\sin\theta' + M_q i_{s\beta}\cos\theta'\right) - i_{rq}\left(M_d i_{s\alpha}\cos\theta' + M_q i_{s\beta}\sin\theta'\right) \\ &\quad - \left(L_{rd} - L_{rq}\right) i_{rd} i_{rq} \cos 2\theta' - \frac{L_{rd} - L_{rq}}{2}\left({i_{rd}}^2 - {i_{rq}}^2\right)\sin 2\theta' \end{aligned} \tag{8.30}$$

磁束鎖交数 ψ_{rd}，ψ_{rq} を用いて表すと次のようになる．

$$\begin{aligned} T &= \left(i_{rd}\psi_{rq} - i_{rq}\psi_{rd}\right) - \left(L_{rd} - L_{rq}\right) i_{rd} i_{rq} \cos 2\theta' \\ &\quad - \frac{L_{rd} - L_{rq}}{2}\left({i_{rd}}^2 - {i_{rq}}^2\right)\sin 2\theta' \end{aligned} \tag{8.31}$$

8.6　二相モータモデルの取り扱い

8.6.1　三相不平衡とゼロ相電流

これまで，三相電流は平衡していると仮定し，次の性質があることを前提としてきた．

$$i_u + i_v + i_w = 0 \tag{8.32}$$

式 (8.32) は三相が不平衡な場合，すなわち，$|i_u| \neq |i_v| \neq |i_w|$ のように電流がアンバランスの場合でも成り立つ．電流がアンバランスであっても三線以外に電流の流出経路がないので式 (8.32) が成立する．しかし，次のような場合も考えられる．

$$i_u + i_v + i_w \neq 0 \tag{8.33}$$

このとき，三相以外へ電流が流出している．このような電流をゼロ相電流という．ゼロ相電流 i_0 は次のように表すことができる．

$$i_0 = i_u + i_v + i_w \tag{8.34}$$

式 (8.32) が成り立つ場合，ゼロ相電流は存在しない ($i_0 = 0$).

一般に，ゼロ相電流を考えるのは三相四線式の場合や，漏電している場合である．ところがパワーエレクトロニクスの場合，常にゼロ相電流を考慮しなくてはならない．なぜなら，モータへのケーブルにはスイッチングに起因する高周波成分の電流が流れている．ケーブルの絶縁物などの誘電体のインピーダンスは次のように表せる．

$$Z = \frac{1}{j\omega C} \tag{8.35}$$

そのため，高周波電流を含む電流が流れているケーブルでは，絶縁被覆を通して高周波成分が図 8.6 に示すように大地へと流出する．この電流は三相三線式の場合でもゼロ相電流となってしまう．これはコモンモード電流と呼ばれる．コモンモード電流とは回路から大地などへ流出する電流成分である．コモンモード電流の周波数が低周波の場合，大地へ電流が流れ込む現象が漏電である．スイッチングによる高周波のコモンモード電流は漏洩電流と呼ばれる．インバータなどのパワーエレクトロニクス回路では主回路は大地に接地せずにフローティングで用いることが多い．そのため，より一層コモンモード電流を考慮しなくてはならない．なお電圧，電流とも三相の瞬時値を合計すればコモンモードの電圧または電流は数値的に求めることができる．

これまで扱った空間ベクトルを使って制御する場合，式 (8.32) を前提として，ゼロ相電流成分はないものと考えている．そのため，制御するモータやイ

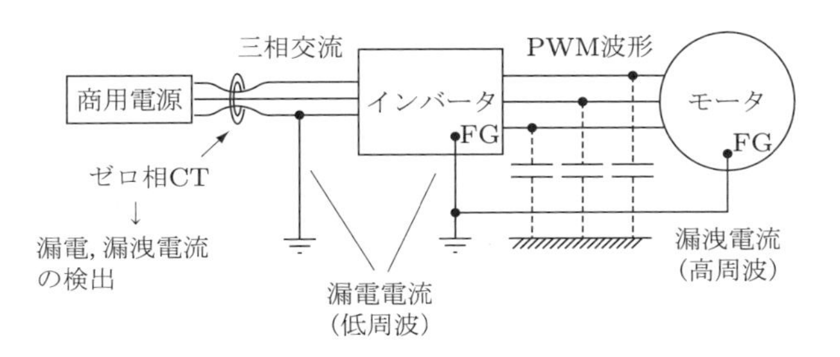

図 8.6　コモンモード電流

ンバータの回路において実際に電流，電圧にゼロ相成分が含まれていても制御に用いる諸量にはゼロ相成分は表れない．ゼロ相成分を考慮する必要がある場合，空間ベクトルにもゼロ相成分を含める必要がある．ゼロ相成分を含む場合，空間ベクトルは次のようになる．

$$\begin{bmatrix} i_0 \\ i_\alpha \\ i_\beta \end{bmatrix} = \boldsymbol{C} \begin{bmatrix} i_u \\ i_v \\ i_w \end{bmatrix} \tag{8.36}$$

このとき，変換行列 $\boldsymbol{C}$ は次のようになる．

$$\boldsymbol{C} = \sqrt{\frac{2}{3}} \begin{bmatrix} \frac{1}{\sqrt{2}} & \frac{1}{\sqrt{2}} & \frac{1}{\sqrt{2}} \\ 1 & -\frac{1}{2} & -\frac{1}{2} \\ 0 & \frac{\sqrt{3}}{2} & -\frac{\sqrt{3}}{2} \end{bmatrix} \tag{8.37}$$

逆方向の変換は次のようになる．

$$\begin{bmatrix} i_u \\ i_v \\ i_w \end{bmatrix} = \boldsymbol{C}^{-1} \begin{bmatrix} i_0 \\ i_\alpha \\ i_\beta \end{bmatrix} \tag{8.38}$$

$$\boldsymbol{C}^{-1} = \boldsymbol{C}^T = \sqrt{\frac{2}{3}} \begin{bmatrix} \frac{1}{\sqrt{2}} & 1 & 0 \\ \frac{1}{\sqrt{2}} & -\frac{1}{2} & \frac{\sqrt{3}}{2} \\ \frac{1}{\sqrt{2}} & -\frac{1}{2} & -\frac{\sqrt{3}}{2} \end{bmatrix} \tag{8.39}$$

このようにすれば空間ベクトルを用いてゼロ相成分電流を含めた制御が可能になる．しかし，ゼロ相成分の電流により生じる磁束は互いに打ち消し合ってしまう．つまり，ゼロ相成分電流は回転磁界は作らない．ゼロ相成分電流は各相に漏れ磁束のみを生じる．したがって，ゼロ相分電流に対しては漏れインダクタンスのみを考慮し，励磁インダクタンスをゼロとするようなモデルを考慮することが必要となる．

8.6.2 線間電圧の取り扱い

ここまで，空間ベクトルについては主に電流で考えてきた．また，電圧を扱う場合は相電圧として扱ってきた．しかし，実際の三相モータの制御では線間電圧を取り扱うことが多い．ここでは線間電圧からの空間ベクトルへの変換について説明する．線間電圧からの空間ベクトルへの変換は次のようにゼロ相成分を用いて表される．

$$\begin{aligned}
\begin{bmatrix} v_{uv} \\ v_{vw} \\ v_{wu} \end{bmatrix} &= \begin{bmatrix} v_u \\ v_v \\ v_w \end{bmatrix} - \begin{bmatrix} v_v \\ v_w \\ v_u \end{bmatrix} \\
&= \sqrt{\frac{2}{3}} \begin{bmatrix} \frac{1}{\sqrt{2}} & 1 & 0 \\ \frac{1}{\sqrt{2}} & -\frac{1}{2} & \frac{\sqrt{3}}{2} \\ \frac{1}{\sqrt{2}} & -\frac{1}{2} & -\frac{\sqrt{3}}{2} \end{bmatrix} \begin{bmatrix} v_0 \\ v_\alpha \\ v_\beta \end{bmatrix} - \sqrt{\frac{2}{3}} \begin{bmatrix} \frac{1}{\sqrt{2}} & -\frac{1}{2} & \frac{\sqrt{3}}{2} \\ \frac{1}{\sqrt{2}} & -\frac{1}{2} & -\frac{\sqrt{3}}{2} \\ \frac{1}{\sqrt{2}} & 1 & 0 \end{bmatrix} \begin{bmatrix} v_0 \\ v_\alpha \\ v_\beta \end{bmatrix} \\
&= \sqrt{\frac{2}{3}} \begin{bmatrix} 0 & \frac{3}{2} & -\frac{\sqrt{3}}{2} \\ 0 & 0 & \sqrt{3} \\ 0 & -\frac{3}{2} & -\frac{\sqrt{3}}{2} \end{bmatrix} \begin{bmatrix} v_0 \\ v_\alpha \\ v_\beta \end{bmatrix}
\end{aligned} \tag{8.40}$$

三相三線式で中性点が非接地の場合，線間電圧のみ測定可能で，中性点の電位は定まらない．しかも，インバータで駆動する場合，中性点の電位は周期的に変動する．そこで，中性点の電位とは無関係に，次のように二相分の線間電圧を使って簡単化する．

$$\begin{bmatrix} v_\alpha \\ v_\beta \end{bmatrix} = \sqrt{\frac{2}{3}} \begin{bmatrix} 1 & \frac{1}{2} \\ 0 & \frac{\sqrt{3}}{2} \end{bmatrix} \begin{bmatrix} v_{uv} \\ v_{vw} \end{bmatrix} = \begin{bmatrix} \sqrt{\frac{2}{3}} & \frac{1}{\sqrt{6}} \\ 0 & \frac{1}{\sqrt{2}} \end{bmatrix} \begin{bmatrix} v_{uv} \\ v_{vw} \end{bmatrix} \tag{8.41}$$

中性点電位の変動の大きさについては PWM 制御の手法との関係もあるので，実際の制御にあたっては注意しなくてはならない．

8.6.3 高調波

uvw 座標の時間領域波形において，電圧または電流が正弦波でなく，高調波が含まれる場合の空間ベクトルについて説明する．

いま，高調波を含む波形として図 8.7 に示すような 120 度通電の矩形波電流を考える．図は i_u 相電流を示している．

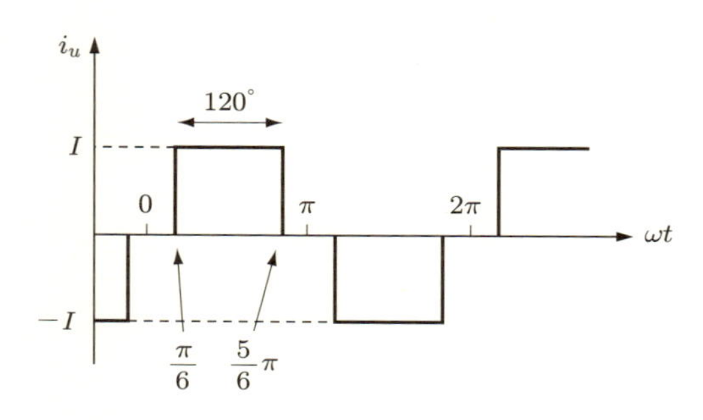

図 8.7　120 度通電波形

この波形をフーリエ級数を用いて表すと次のようになる．

$$
\begin{aligned}
i_u &= f(\omega t) \\
&= \frac{2\sqrt{3}}{\pi} I \left[\cos \omega t - \frac{1}{5} \cos 5\omega t + \frac{1}{7} \cos 7\omega t - \cdots \right] \\
i_v &= f\left(\omega t - \frac{2}{3}\pi\right) \\
&= \frac{2\sqrt{3}}{\pi} I \left[\cos\left(\omega t - \frac{2}{3}\pi\right) - \frac{1}{5} \cos\left(5\omega t - \frac{2}{3}\pi\right) + \frac{1}{7} \cos\left(7\omega t - \frac{2}{3}\pi\right) - \cdots \right] \\
i_w &= f\left(\omega t - \frac{4}{3}\pi\right) \\
&= \frac{2\sqrt{3}}{\pi} I \left[\cos\left(\omega t - \frac{4}{3}\pi\right) - \frac{1}{5} \cos\left(5\omega t - \frac{4}{3}\pi\right) + \frac{1}{7} \cos\left(7\omega t - \frac{4}{3}\pi\right) - \cdots \right]
\end{aligned}
\tag{8.42}
$$

この交流電流を $\alpha\beta$ 静止座標の空間ベクトルに変換すると次のようになる．

$$\boldsymbol{i}_{\alpha\beta} = \sqrt{\frac{3}{2}} \cdot \frac{2\sqrt{3}}{\pi} I \left[\cos\omega t - \frac{1}{5}\cos 5\omega t + \frac{1}{7}\cos 7\omega t - \cdots \right]$$
$$= \frac{3\sqrt{2}}{\pi} I \left[\cos\omega t - \frac{1}{5}\cos 5\omega t + \cdots \right] \tag{8.43}$$

この空間ベクトル $\boldsymbol{i}_{\alpha\beta}$ は基本波成分 ωt のベクトルのほかに，高調波のベクトルを含んでいる．基本波のベクトルは $\theta = \omega t$ で回転しているのに対し，5 次高調波のベクトルは基本波と逆方向に $5\omega t$ で回転し，7 次高調波は基本波ベクトルと同一方向に $7\omega t$ で回転していることを表している．すなわち，$(6k-1)$ 次成分の高調波の空間ベクトルは基本波と逆方向に回転し，$(6k+1)$ 次成分の高調波の空間ベクトルは基本波と同一方向に回転している．

この影響を考慮するために，式 (8.43) を複素数表示して考えてみる．

$$\boldsymbol{i}_{\alpha\beta} = \frac{3\sqrt{2}}{\pi} I \left[e^{j\omega t} - \frac{1}{5}e^{-j5\omega t} + \frac{1}{7}e^{j7\omega t} - \cdots \right] \tag{8.44}$$

$\alpha\,\beta$ 座標の空間ベクトルを dq 回転座標に変換する場合，複素数表示していれば，$e^{-j\omega t}$ を掛ければよいので次のようになる．

$$\boldsymbol{i}_{dq} = e^{-j\omega t}\boldsymbol{i}_{\alpha\beta}$$
$$= \frac{3\sqrt{2}}{\pi} I \left[1 - \frac{1}{5}e^{-j6\omega t} + \frac{1}{7}e^{j6\omega t} - \cdots \right] \tag{8.45}$$

これを正弦波表示すると次のようになる．

$$\boldsymbol{i}_{dq} = \frac{3\sqrt{2}}{\pi} I \left[1 - \frac{1}{5}\cos 6\omega t + \frac{1}{7}\cos 6\omega t - \cdots \right] \tag{8.46}$$

式 (8.45)，(8.46) とも，dq 座標系に変換しても高調波の空間ベクトルを含んでいることを表している．dq 回転座標は基本波に同期して ωt で回転しているので，基本波ベクトルは静止しているが，5 次高調波のベクトル（$(6k-1)$ 次成分）は座標の回転と逆方向に 6ω で回転し，7 次高調波（$(6k+1)$ 次成分）は座標の回転と同一方向に 6ω で回転していることを表している．つまり，dq 座標上では 5 次，7 次の高調波とも同じ 6ω の周波数で回転している空間ベクトルとなる．

三相量に高調波を含まないとき，dq 座標上では三相電圧，電流は直流となったが，高調波を含む場合，dq 座標上では高調波に対応する交流分を含むことになる．すなわち高調波成分によるリプルを含んだ直流となる．

COLUMN

回転磁界の回転方向

本書では回転磁界は反時計回り (CCW) を基準に記述しています．ところが，回転磁界の回転方向を本書と逆の時計回り (CW) にしている場合があります．これは電力機器の解析の観点で記述した教科書に多く見られます．電力分野では三相電力の定常状態をフェーザで表すときに時計回りの回転方向を基準としています．電力系統に使われる発電機の解析は電力系統との関係を論じる必要があるので，回転磁界の回転方向は時計回り (CW) と定義することが多いのです．しかし，モータ制御を目的とする場合，dq 変換式の計算の容易さから CCW が採用されることが多いようです．

このほかにも回転方向の定義にはいろいろな考え方があり，読者は混乱することもあると思います．様々な方向の定義についてどのようなものがあるのかを紹介しましょう．

(1) 現物との対応

わが国では電動機の標準回転方向は反負荷側から見て時計方向 (CW) を慣例としています†．同様に，発電機は励磁機側から見て時計方向 (CW) を慣例としています．したがって，回転磁界はこの方向で回転するのを基準に考えることが多いです．

(2) 回転座標系の定義

q 軸を d 軸の進み 90 度ととるか，遅れ 90 度でとるかの 2 種類があります．

(3) 発電機基準か電動機基準か

電磁誘導により生じる誘導起電力の方向についても，二つの方向があります．誘導起電力なので，磁束の変化を妨げない方向に生じる起電力とする方向を発電機基準と呼びます．

電動機基準では誘導起電力は磁束の変化を妨げる向きに発生する逆起電力として考えています．モータ制御の場合，電動機基準がわかりやすいと思います．

† かつて JIS C 4004 により定められていた．現在この規格は廃止されている．

（4）トルクの方向

一般に，電動機では回転方向をトルクの正方向としています．しかし，発電機では回転を妨げる方向が発電機としてのトルクの正方向です．

以上のようにモータの制御はモータの解析モデルを用いていますが，古くから行われている電気機器の解析は発電機から出発しています．発電機は電力系統との関係で回転方向を考えます．モータ制御を初めて学ぶときに混乱を招いていることは事実だと思います．どの考え方でもよいので，自分の基準を決めておいてください．

9 永久磁石同期モータの瞬時値制御

本章では交流モータのうち，家電や自動車などによく使われる永久磁石同期モータの瞬時値制御について述べる．前章までで述べた考え方を基に同期モータの制御モデルを導いてゆく．ここでは三相永久磁石同期モータに限定して説明する．電圧電流を空間ベクトルで表した場合のインピーダンス行列を用いた電圧方程式を導出し，制御モデルを示す．

9.1 同期モータの原理

同期モータの原理を図 9.1 に示す．ここでは回転子に永久磁石を使った，回転界磁型に限定して説明する．

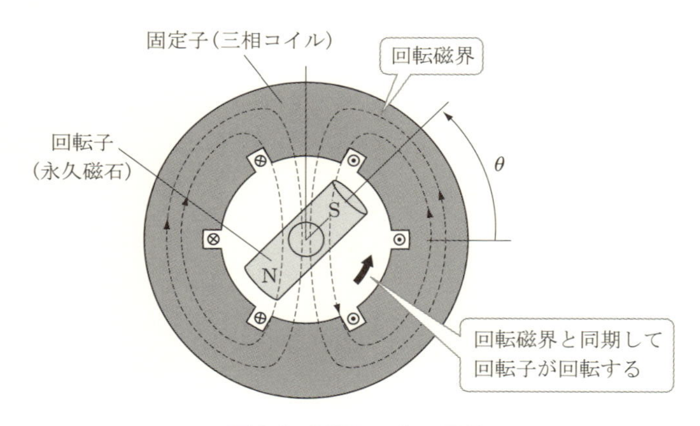

図 9.1　同期モータの原理

回転子（界磁）は永久磁石で構成されている．固定子（電機子）の三相コイルに三相交流電流を流すとエアギャップに回転磁界ができる．固定子の電流による回転磁界が回転子の N，S の磁極を吸引して回転子が回転する．このように回転する同期モータの毎分回転数 N [min^{-1}] は，式 (2.7) で示した回転磁界の回転数となる．

$$N = \frac{120f}{P} \tag{2.7 再掲}$$

なお，f は交流電流の周波数，P は固定子コイルの極数である．この回転数を同期回転数と呼ぶ．同期モータは同期回転数でのみトルクを発生する．運転中に同期回転数から外れることを同期はずれという．同期はずれにより発生トルクが急激に減少するので，回転が継続できなくなる．これを脱調という．

同期モータが回転しているとき，回転子の回転数は回転磁界の回転数と等しい．回転磁界が回転子（界磁）の磁極を吸引しているのでトルクを発生して回転する．つまり，回転子の磁極の回転は回転磁界の磁極の回転より位相が遅れている．

これらを空間ベクトルで考えると，固定子による回転磁界の磁束のベクトル $\boldsymbol{\psi}_s$ と界磁磁束のベクトル $\boldsymbol{\psi}_r$ がある位相角をもっていると考えることができる．また，界磁の磁束により固定子コイルには誘導起電力 $\omega\boldsymbol{\psi}_r$ が生じる．回転磁界ベクトル $\boldsymbol{\psi}_s$ は固定子電流ベクトル $\boldsymbol{i}_s$ の方向と考える．誘導起電力による誘起電圧 E_0 は界磁磁束ベクトル $\boldsymbol{\psi}_r$ より 90 度進んだ方向となる．

9.2　永久磁石同期モータのモデル

永久磁石同期モータは静止している固定子の三相コイルが電機子であり，回転する永久磁石が界磁となる回転界磁型のモータである．つまり，永久磁石同期モータを制御するということは固定子の三相コイルの電流を制御することである．そこで，三相コイルは静止座標上にあると考え，永久磁石が回転子の回転座標上にあると考える．回転界磁型のインダクタンス行列の一般形を式 (7.36) に示した．この式では固定子のインダクタンスは静止している $\alpha\beta$ 軸座標上に表され，回転子のインダクタンスは回転する dq 座標上に表されている．また，電圧方程式は式 (8.10) に示した．しかし，永久磁石同期モータは回転子に巻線がない．つまり $i_r = 0$ として考える必要がある．

永久磁石同期モータのベクトル空間では，永久磁石の N 極中心を d 軸の方向として定義する．d 軸より 90 度進んだ方向を q 軸とする．電気機器理論では d 軸は回転子の磁極方向に取るとしている．永久磁石を用いないシンクロナスリラクタンスモータなどの場合，電気機器理論での座標の定義を使うこともある．その場合，d 軸は電機子磁束の通りやすい方向と定義され，q 軸はそれより 90 度進んだ電機子磁束の通りにくい方向と定義される．すなわち，電気機器理論では d 軸位置は回転子の形状で決まる．永久磁石同期モータの場合，形状ではなく永久磁石の磁極の位置で決まる．そのため，シンクロナスリラクタンスモータとは d 軸と q 軸の位置が反転していることがある．シンクロナスリラクタンスモータに永久磁石を追加する際などには軸の定義に注意を要する．

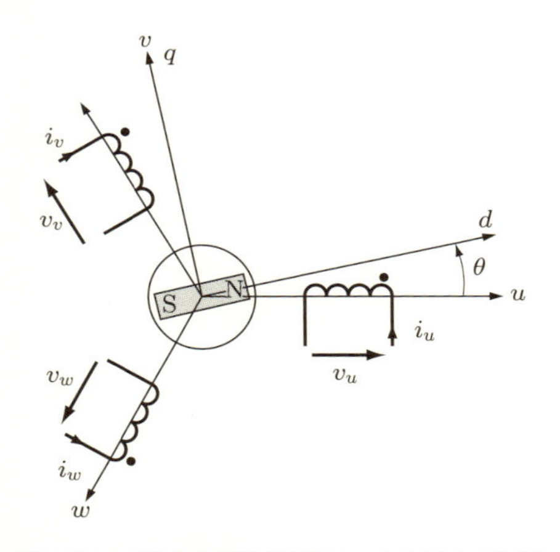

図 9.2　三相永久磁石同期モータの基本モデル

いま，三相永久磁石同期モータを図 9.2 のように考える．固定子の三相コイルはそれぞれ u，v，w の静止座標上にある．永久磁石の N 極方向を d 軸と定める．d 軸と u 軸のなす角を θ とする．まず，円筒機を考える．三相コイルの各相の自己インダクタンスを L_s とする．また，相互インダクタンスは，$M_{uv} = M_{vw} = M_{wu} = M$ と等しい．なお，R_s は固定子コイルの直流抵抗である．

図 9.2 では，三相コイルのそれぞれの相には次の電圧方程式が成り立っている．なお，永久磁石同期モータでは回転子にコイルがないので，電流は固定子のみを考えればよい．そこで，式を見やすくするためにここでは固定子電圧，

電流を示す添え字 s は省略する．

$$v_u = R_s i_u + \frac{d}{dt}\psi_u \tag{9.1}$$

$$v_v = R_s i_v + \frac{d}{dt}\psi_v \tag{9.2}$$

$$v_w = R_s i_w + \frac{d}{dt}\psi_w \tag{9.3}$$

ここで，ψ_u，ψ_v，ψ_w は各相コイルの磁束鎖交数である．回転子（界磁）の永久磁石による磁束は正弦波分布しているとする．このときの磁束鎖交数の最大値を ψ_m とおく．これを使うと各相のコイルの磁束鎖交数を次のように表すことができる．

$$\psi_u = (\ell_s + L_s)\, i_u + M_{uv} i_v + M_{uw} i_w + \psi_m \cos\theta \tag{9.4}$$

$$\psi_v = M_{uv} i_u + (\ell_s + L_s)\, i_v + M_{vw} i_w + \psi_m \cos\left(\theta - \frac{2}{3}\pi\right) \tag{9.5}$$

$$\psi_w = M_{uw} i_u + M_{vw} i_w + (\ell_s + L_s)\, i_w + \psi_m \cos\left(\theta + \frac{2}{3}\pi\right) \tag{9.6}$$

これを用いて電圧方程式を行列形式で表すと次のようになる．

$$\begin{bmatrix} v_u \\ v_v \\ v_w \end{bmatrix} = R_s \begin{bmatrix} i_u \\ i_v \\ i_w \end{bmatrix} + \frac{d}{dt}\begin{bmatrix} \ell_s + L_s & M_{uv} & M_{uw} \\ M_{uv} & \ell_s + L_s & M_{vw} \\ M_{uw} & M_{vw} & \ell_s + L_s \end{bmatrix}\begin{bmatrix} i_u \\ i_v \\ i_w \end{bmatrix} + \frac{d}{dt}\psi_m \begin{bmatrix} \cos\theta \\ \cos\left(\theta - \frac{2}{3}\pi\right) \\ \cos\left(\theta + \frac{2}{3}\pi\right) \end{bmatrix} \tag{9.7}$$

ここで，u 相コイルの磁束鎖交数を示す式 (9.4) を例に説明する．式 (9.4) の右辺第 1 項は自己インダクタンスによる磁束，第 2 項は v 相電流による磁束のうち u 相コイルに鎖交する磁束，第 3 項は w 相電流による磁束のうち u 相コイルに鎖交する磁束，第 4 項は永久磁石の磁束のうち u 相コイルに鎖交する磁束を表している．

u 相と v 相は空間的に $2\pi/3$ 離れているので，その位置関係を使って表すと，次のようになる．

$$M_{uv}i_v = L_s i_v \times \cos\left(\frac{2}{3}\pi\right) = -\frac{1}{2}L_s i_v \tag{9.8}$$

第 3 項も同様に次のように表すことができる．

$$M_{uw}i_w = L_s i_w \times \cos\left(-\frac{2}{3}\pi\right) = -\frac{1}{2}L_s i_w \tag{9.9}$$

ここで，式 (9.8)，(9.9) と，対称三相交流の $i_u = -(i_v + i_w)$ の関係を用いて式 (9.4) の u 相コイルの磁束鎖交数を表すと，次のように整理できる．

$$\begin{aligned}\psi_u &= (\ell_s + L_s)\, i_u - \frac{1}{2}L_s(i_v + i_w) + \psi_m \cos\theta \\ &= \left(\ell_s + \frac{3}{2}L_s\right) i_u + \psi_m \cos\theta \end{aligned} \tag{9.10}$$

同様に，他の相も次のように表される．

$$\psi_v = \left(\ell_s + \frac{3}{2}L_s\right) i_v + \psi_m \cos\left(\theta - \frac{2}{3}\pi\right) \tag{9.11}$$

$$\psi_w = \left(\ell_s + \frac{3}{2}L_s\right) i_w + \psi_m \cos\left(\theta + \frac{2}{3}\pi\right) \tag{9.12}$$

ここまでの結果を用いて式 (9.1)～(9.3) で示した電圧方程式を行列形式で表すと次のようになる．

$$\begin{bmatrix} v_u \\ v_v \\ v_w \end{bmatrix} = R_s \begin{bmatrix} i_u \\ i_v \\ i_w \end{bmatrix} + \frac{d}{dt}\left(\ell_s + \frac{3}{2}L_s\right)\begin{bmatrix} i_u \\ i_v \\ i_w \end{bmatrix} + \frac{d}{dt}\psi_m \begin{bmatrix} \cos\theta \\ \cos\left(\theta - \frac{2}{3}\pi\right) \\ \cos\left(\theta + \frac{2}{3}\pi\right) \end{bmatrix} \tag{9.13}$$

式 (9.13) は uvw 静止座標上での永久磁石同期モータの電圧方程式である．右辺第1項はコイルの抵抗 R_s による電圧降下，第2項は自己インダクタンス L_s および漏れインダクタンス ℓ_s により生じる誘導起電力，第3項は永久磁石の磁束 ψ_m により生じる誘導起電力を表している．

式 (9.13) の電圧方程式を dq 座標軸上で表すために，式 (6.37) に示した uvw 座標系から dq 座標系への直接変換行列を用いる．

$$\begin{bmatrix} i_d \\ i_q \end{bmatrix} = \sqrt{\frac{2}{3}} \begin{bmatrix} \cos\theta & \cos\left(\theta - \frac{2}{3}\pi\right) & \cos\left(\theta + \frac{2}{3}\pi\right) \\ -\sin\theta & -\sin\left(\theta - \frac{2}{3}\pi\right) & -\sin\left(\theta + \frac{2}{3}\pi\right) \end{bmatrix} \begin{bmatrix} i_u \\ i_v \\ i_w \end{bmatrix}$$

(6.37) 再掲

dq 座標軸上での電圧方程式は次のようになる．

$$\begin{bmatrix} v_d \\ v_q \end{bmatrix} = R_s \begin{bmatrix} i_d \\ i_q \end{bmatrix} + \sqrt{\frac{2}{3}} \begin{bmatrix} \cos\theta & \cos\left(\theta - \frac{2}{3}\pi\right) & \cos\left(\theta + \frac{2}{3}\pi\right) \\ -\sin\theta & -\sin\left(\theta - \frac{2}{3}\pi\right) & -\sin\left(\theta + \frac{2}{3}\pi\right) \end{bmatrix}$$
$$\times \left\{ \frac{d}{dt}\left(\ell_s + \frac{3}{2}L_s\right) \begin{bmatrix} i_u \\ i_v \\ i_w \end{bmatrix} + \frac{d}{dt}\psi_m \begin{bmatrix} \cos\theta \\ \cos\left(\theta - \frac{2}{3}\pi\right) \\ \cos\left(\theta + \frac{2}{3}\pi\right) \end{bmatrix} \right\} \quad (9.14)$$

この式を整理すると次のように表すことができる．

$$\begin{bmatrix} v_d \\ v_q \end{bmatrix} = R_s \begin{bmatrix} i_d \\ i_q \end{bmatrix} + \frac{d}{dt}\left(\ell_s + \frac{3}{2}L_s\right) \begin{bmatrix} i_d \\ i_q \end{bmatrix} + \frac{\partial\theta}{\partial t} \begin{bmatrix} -\left(\ell_s + \frac{3}{2}L_s\right) i_q \\ \sqrt{\frac{3}{2}}\psi_m + \left(\ell_s + \frac{3}{2}L_s\right) i_d \end{bmatrix} \quad (9.15)$$

これまでは固定子の諸量であることを示すために s の添え字を使ってきた．しかし，永久磁石同期モータは固定子のみにコイルがあり，これが電機子である．そこで，一般的によく使われるように電機子 (Armature) の諸量として，

添え字 a を使って諸量を次のように表すことにする．

$$R_a = R_s \tag{9.16}$$

$$L_a = \left(\ell_s + \frac{3}{2}L_s\right) \tag{9.17}$$

また，界磁の永久磁石により生じる磁束は次のように定義することが多いので，これも慣例に従う．

$$\psi_a = \sqrt{\frac{3}{2}}\psi_m \tag{9.18}$$

ここで，注意すべきは ℓ_s，L_s，ψ_m は三相機の諸量であることである．一方，これから使う L_a，ψ_a は dq 座標上にある二相機の諸量である．自己インダクタンス L_a は漏れインダクタンス ℓ_s を含んでいる．dq 軸上の電流を i_a とした場合，次の関係にあることも忘れないでほしい．

$$|i_a| = \sqrt{3}\,|i_u| = \sqrt{3}\,|i_v| = \sqrt{3}\,|i_w| \tag{9.19}$$

式 (9.16)～(9.18) を使って式 (9.15) を表すと次のようになる．

$$\begin{bmatrix} v_d \\ v_q \end{bmatrix} = (R_a + pL_a)\begin{bmatrix} i_d \\ i_q \end{bmatrix} + \omega\begin{bmatrix} -L_a i_q \\ \psi_a + L_a i_d \end{bmatrix} \tag{9.20}$$

ここで，$\dfrac{\partial\theta}{\partial t} = \dot{\theta} = \omega$，$p = \dfrac{d}{dt}$ と表記している．

式 (9.20) の右辺第 2 項は永久磁石の磁束と電流により生じる磁束を含むので，これを電流による項と永久磁石の項に分けて整理すると次のように表すことができる．

$$\begin{bmatrix} v_d \\ v_q \end{bmatrix} = \begin{bmatrix} R_a + pL_a & -\omega L_a \\ \omega L_a & R_a + pL_a \end{bmatrix}\begin{bmatrix} i_d \\ i_q \end{bmatrix} + \begin{bmatrix} 0 \\ \omega\psi_a \end{bmatrix} \tag{9.21}$$

ここに示した式 (9.21) は円筒機の場合の永久磁石同期モータの電圧方程式である．一般の SPM モータはこの電圧方程式を用いて制御する．

9.3 SPM モータの制御モデル

前節で導出した式 (9.21) は SPM モータの dq 回転座標軸上での電圧方程式である．dq 回転座標上では i_d，i_q は直流電流となり，ψ_a は静止した磁界となる．dq 座標上で，静止して見える磁界と静止して見える直流電流が直交していればその積がトルクになる．すなわち，トルクは次のように表される．

$$T = P_n \psi_a i_q \tag{9.22}$$

ここで，P_n は極対数である．

しかし，式 (9.22) で用いている i_q は直接測定できる量ではない．つまり，この式で直接制御しようとしても電流のフィードバック制御ができない．そこで，dq 座標軸上のベクトルとしてお互いの関係を考えてみる．

各量のベクトルには，次のような関係があると考えることができる．

$\boldsymbol{i}_a$：電機子電流ベクトル．$i_a = \sqrt{{i_d}^2 + {i_q}^2}$ である．

β：$\boldsymbol{i}_a$ と $\boldsymbol{i}_q$ のなす角．$\beta = \tan^{-1}\left(-\dfrac{i_d}{i_q}\right)$ と定義するので，$i_q = i_a \cos\beta$ となる．

$\boldsymbol{\psi}_a$：界磁永久磁石により生じる磁束ベクトル．d 軸はこの方向にあると定義する．

$\boldsymbol{\psi}_0$：電機子コイルの磁束鎖交数ベクトル．$\boldsymbol{\psi}_0 = L_a \boldsymbol{i}_a + \boldsymbol{\psi}_a$ である．

$\boldsymbol{v}_0$：電機子コイルに誘導される誘導起電力ベクトル．$\boldsymbol{v}_0 = \omega \boldsymbol{\psi}_0$ である．ω を掛けるため $\boldsymbol{\psi}_0$ より 90 度進むベクトルになる．

以上を用いて空間ベクトルの関係を描くと図 9.3 のようになる．

次に，このベクトル図を基にして，制御のために次の諸量を導入する．

$\boldsymbol{v}_a$：電機子電圧ベクトル．$\boldsymbol{v}_a = R_a \boldsymbol{i}_a + \omega L_a(\boldsymbol{i}_d + \boldsymbol{i}_q) + \boldsymbol{v}_0$ である．

δ：電機子電圧ベクトルの q 軸からの位相角．$\delta = \tan^{-1}\left(-\dfrac{v_d}{v_q}\right)$ である．同期機理論の内部相差角に相当する．

ϕ：電機子電圧ベクトル $\boldsymbol{v}_a$ と電機子電流ベクトル $\boldsymbol{i}_a$ の位相角．力率角に相当する．

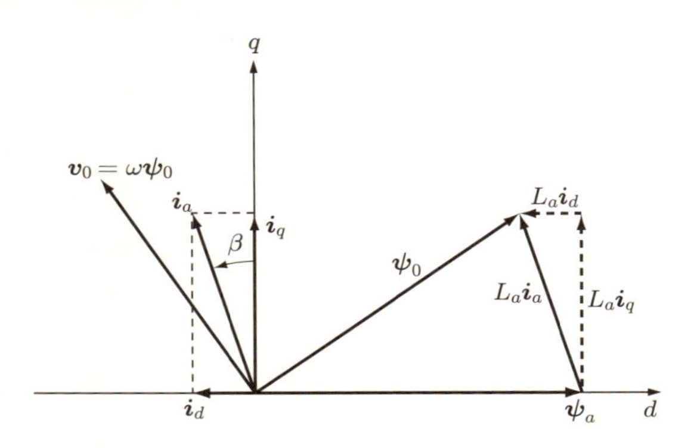

図 9.3　SPM モータのベクトル図

これらを用いて電圧ベクトルと電流ベクトルの定常状態での関係を図 9.4 に示す．

$i_q = i_a \cos\beta$ なので，トルクは次のように表すことができる．

$$T = P_n \psi_a i_a \cos\beta \tag{9.23}$$

この式は i_a と β が測定可能なので，制御式として直接用いることができる．また，$\phi = \delta - \beta$ なので，力率を δ と β で表すことができる．

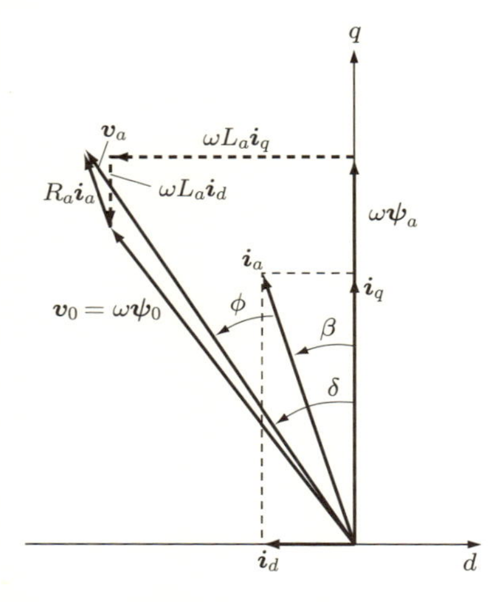

図 9.4　SPM モータの電圧ベクトルと電流ベクトル（定常状態）

$$\cos\phi = \cos(\delta - \beta) \tag{9.24}$$

δ と β は i_d と i_q から求まるので，これで力率も制御可能になる．

トルクを表す式 (9.23) は $\beta = 0$ のときトルクが最大となることを表している．β は i_d と i_q の関係から決まる角度であり，$i_d = 0$ となったとき $\beta = 0$ となる．すなわち，$i_d = 0$ になるように制御すれば最大トルクが得られる．このときのベクトル図を図 9.5 に示す．このように制御すると，$i_d = 0$ なので i_d 成分による銅損も発生しなくなり，最も高効率となる．SPM モータは通常 $i_d = 0$ となるように制御を行う．

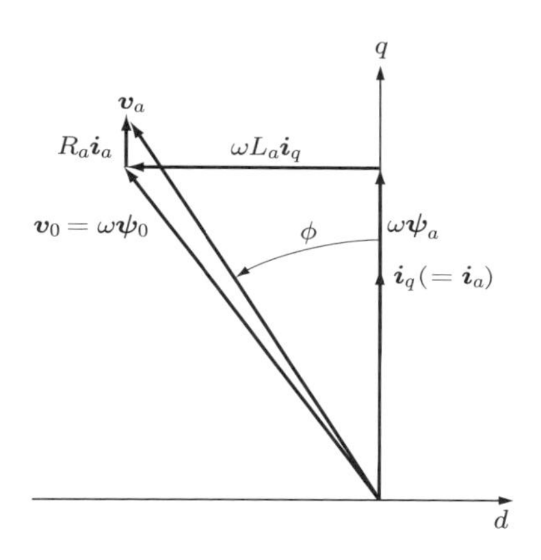

図 9.5　$i_d = 0$ 制御時の空間ベクトル

SPM モータにおいても弱め磁束制御が可能である．このとき，i_d は負の電流を流す．負の i_d により磁束鎖交数 ψ_0 が低下するので磁束を弱めることになる．これにより誘導起電力 v_0 も低下する．実は図 9.3 は負の i_d を流した弱め磁束の状態を示している．弱め磁束制御により，誘導起電力が低下するので，電源電圧の上限から制約される回転数よりも高い回転数での高速運転が可能である．また，弱め磁束制御により皮相電力が低下するのでモータの力率が高くなり，電機子電流 I_a が低下する．ただし，i_d 成分による銅損が生じるため，モータの効率は低下する．なお，正の値の i_d を流して磁束を強めることは通常は行わない．

9.4 IPMモータの制御モデル

図 9.2 に示した永久磁石同期モータの基本モデルにおいて，回転子に突極性がある場合を考える．d 軸方向の磁気抵抗と q 軸の磁気抵抗が異なるので $L_d \neq L_q$ である．

このとき，固定子コイルから見た磁気抵抗は回転子の回転位置によって変化する．したがって，インダクタンスも回転子の回転位置によって変化する．例えば，u 相コイルの自己インダクタンス L_u は $\theta = 0, \pi$ のとき最小となり，$\theta = \pi/2, 3\pi/2$ のとき最大となる．v 相，w 相コイルの自己インダクタンス (L_v，L_w) および各コイル間の相互インダクタンス (M_{uv}，M_{vw}，M_{uw}) も同様に回転子の位置 θ によって変化する．インダクタンスの変化が図 9.6 に示すように正弦波状であると仮定する．

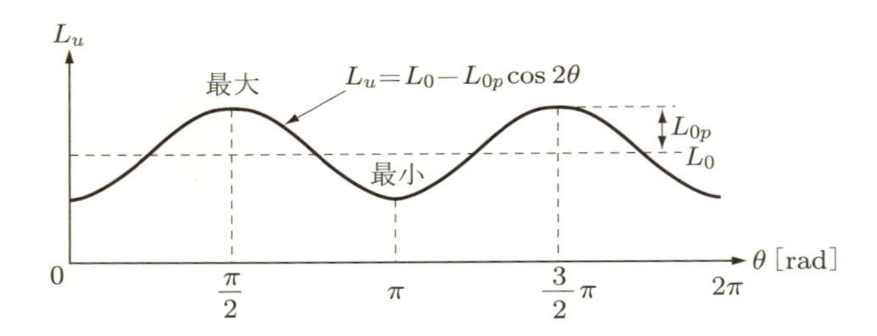

図 9.6　インダクタンスの回転子位置による変化

図 9.6 に示したインダクタンスの変化は u 相から見た d 軸の位置を θ で示している．いま，一般的な IPM モータを考えているので $L_d < L_q$ である．これを逆突極と呼ぶ（コラム参照）．

図 9.6 に示すインダクタンスを次の値を使って表すことにする．

L_0：1 相当たりの有効インダクタンスの平均値

L_{0p}：1 相当たりの有効インダクタンスの振幅

なお，ℓ_s は 1 相当たりの漏れインダクタンスであり，これまで定義したものと同じである．このとき，自己インダクタンスと相互インダクタンスは次式で表すことができる†.

$$L_u = \ell_s + L_0 - L_{0p} \cos 2\theta \tag{9.25}$$

$$L_v = \ell_s + L_0 - L_{0p} \cos\left(2\theta + \frac{2}{3}\pi\right) \tag{9.26}$$

$$L_w = \ell_s + L_0 - L_{0p} \cos\left(2\theta - \frac{2}{3}\pi\right) \tag{9.27}$$

$$M_{uv} = -\frac{1}{2}L_0 - L_{0p} \cos\left(2\theta - \frac{2}{3}\pi\right) \tag{9.28}$$

$$M_{vw} = -\frac{1}{2}L_0 - L_{0p} \cos 2\theta \tag{9.29}$$

$$M_{uw} = -\frac{1}{2}L_0 - L_{0p} \cos\left(2\theta + \frac{2}{3}\pi\right) \tag{9.30}$$

円筒機 (SPM) の三相での電圧方程式である式 (9.7) の自己インダクタンスと相互インダクタンスを式 (9.25)〜(9.30) で置き換えれば IPM モータの uvw 座標での電圧方程式となる.

$$\begin{bmatrix} v_u \\ v_v \\ v_w \end{bmatrix} = R_s \begin{bmatrix} i_u \\ i_v \\ i_w \end{bmatrix}$$
$$+\frac{d}{dt}\begin{bmatrix} \ell_s+L_0-L_{0p}\cos 2\theta & -\frac{1}{2}L_0-L_{0p}\cos\left(2\theta-\frac{2}{3}\pi\right) & -\frac{1}{2}L_0-L_{0p}\cos\left(2\theta+\frac{2}{3}\pi\right) \\ -\frac{1}{2}L_0-L_{0p}\cos\left(2\theta-\frac{2}{3}\pi\right) & \ell_s+L_0-L_{0p}\cos\left(2\theta+\frac{2}{3}\pi\right) & -\frac{1}{2}L_0-L_{0p}\cos 2\theta \\ -\frac{1}{2}L_0-L_{0p}\cos\left(2\theta+\frac{2}{3}\pi\right) & -\frac{1}{2}L_0-L_{0p}\cos 2\theta & \ell_s+L_0-L_{0p}\cos\left(2\theta-\frac{2}{3}\pi\right) \end{bmatrix}\begin{bmatrix} i_u \\ i_v \\ i_w \end{bmatrix}$$
$$+\frac{d}{dt}\psi_m\begin{bmatrix} \cos\theta \\ \cos\left(\theta-\frac{2}{3}\pi\right) \\ \cos\left(\theta+\frac{2}{3}\pi\right) \end{bmatrix} \tag{9.31}$$

† $L_d > L_q$ の場合を逆突極に対し，突極と呼ぶ．インダクタンス式を章末の付録に示す．

式 (9.31) の右辺第 1 項はコイルの抵抗 R_s による電圧降下，第 2 項は自己インダクタンスおよび相互インダクタンスによる誘導起電力，第 3 項は永久磁石の磁束 ψ_m により誘導される誘導起電力である．これを円筒機の SPM モータで行ったのと同様に式 (6.37) により dq 座標軸空間上に変換すると次のようになる．

$$\begin{bmatrix} v_d \\ v_q \end{bmatrix} = \begin{bmatrix} R_a + pL_d & -\omega L_q \\ \omega L_d & R_a + pL_q \end{bmatrix} \begin{bmatrix} i_d \\ i_q \end{bmatrix} + \begin{bmatrix} 0 \\ \omega\psi_a \end{bmatrix} \tag{9.32}$$

ただし，

$$L_d = \ell_s + \frac{3}{2}(L_0 + L_{0p}), \quad L_q = \ell_s + \frac{3}{2}(L_0 - L_{0p}) \tag{9.33}$$

である．ここで，L_d と L_q には漏れインダクタンス ℓ_s を含んでいることに注意してほしい．

トルクは図 9.7 に示すベクトル図から次のように表すことができる．

$$\begin{aligned} T &= P_n(\psi_{0d} i_q - \psi_{0q} i_d) \\ &= P_n \{\psi_a i_q + (L_d - L_q) i_d i_q\} \end{aligned} \tag{9.34}$$

式 (9.34) の右辺第 1 項は永久磁石による磁束 $\boldsymbol{\psi}_a$ が q 軸電流 $\boldsymbol{i}_q$ と直交することにより生じるマグネットトルクである．第 2 項は突極性により発生するリ

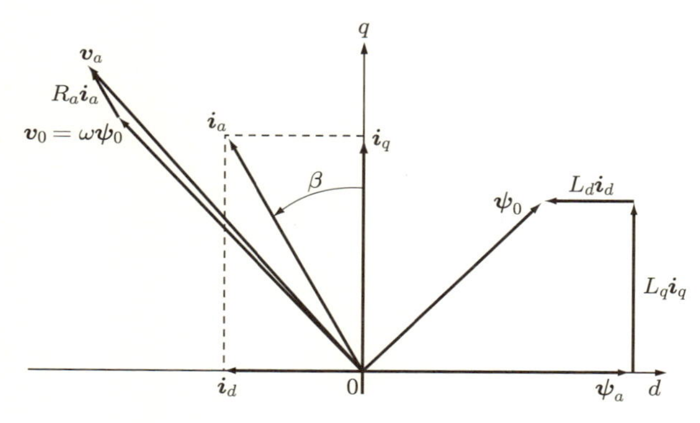

図 9.7　IPM モータのベクトル図

ラクタンストルクである．ここで注意してほしいのは一般の IPM モータは逆突極なので $L_q > L_d$ であることである．したがって，リラクタンストルクは i_d が負でないと正方向のトルクとならないのである．

また，制御式に使える諸量を用いてトルクを表すと次のようになる．

$$T = P_n \left\{ \psi_a I_a \cos\beta + \frac{1}{2}(L_q - L_d) I_a{}^2 \sin 2\beta \right\} \tag{9.35}$$

ここで，$|i_a| = I_a$ である．

IPM モータの電圧方程式である式 (9.32)，トルクを表す式 (9.35) は $L_d = L_q = L_a$ とすれば円筒機の SPM モータの電圧方程式である式 (9.21) および，トルク式である式 (9.23) となる．

なお，繰り返しになるが，ここまでの座標軸の定義として，回転子磁石の N 極方向を d 軸方向としていることに注意してほしい．d 軸位置は磁極形状では決めていない．一般的な IPM モータはコラムの図 9.13 に示すように逆突極性を示す．すなわち，d 軸方向の磁気抵抗が大きく，インダクタンスが小さいので，$L_d < L_q$ である．

また，$\psi_a = 0$ とおけば，式 (9.32)，(9.35) は永久磁石のないシンクロナスリラクタンスモータにも適用できる．ただし，その場合，磁石がなく，回転子の形状で磁極が決まるので，突極方向の電機子磁束の通りやすい方向を d 軸の方向と定義する．そのため，$L_d > L_q$ となる．

電圧方程式 (9.32) を等価回路で表すと図 9.8 のようになる．

等価回路を用いれば，誘導モータで行われるように誘起電圧に並列に等価鉄損抵抗 R_c を挿入することで鉄損も含んだモデルができる．

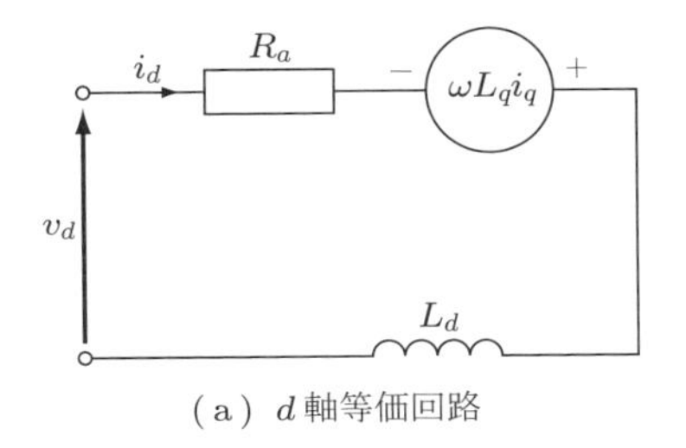

(a) d 軸等価回路

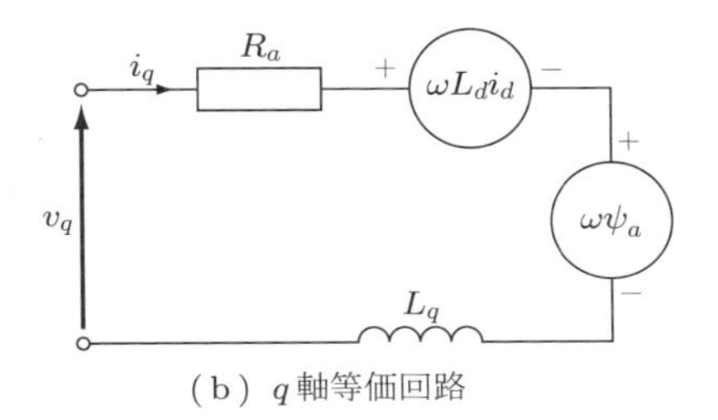

(b) q 軸等価回路

図 9.8　IPM モータの等価回路

IPM モータの鉄損を含んだ等価回路を図 9.9 に示す．しかし，駆動周波数やモータ鉄心の磁束密度を固定して，ある運転状態を想定しないと鉄損は一定値にならないので，鉄損抵抗 R_c を一定値の定数とすることはできない．一般に IPM モータは広い範囲で回転数やトルクを制御することが多いので，一定値の鉄損抵抗 R_c を用いた等価回路をそのまま制御に用いるのは困難である．その場合，周波数，磁束密度に応じて鉄損抵抗値を調節する必要がある．

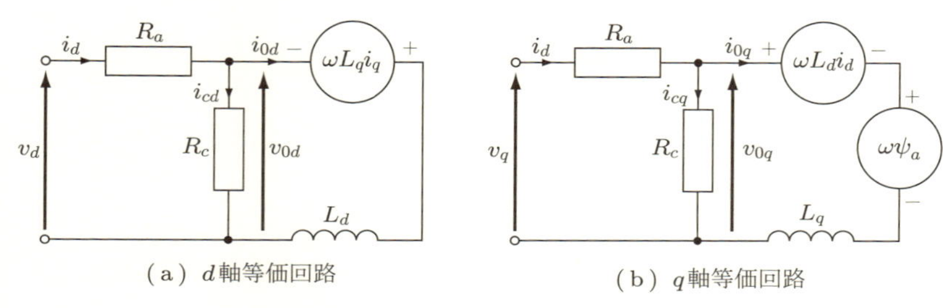

図 9.9　IPM モータの鉄損を含んだ等価回路

COLUMN

突極と逆突極

電気機器理論では d 軸方向は界磁極の方向と定義されています．すなわち，回転子の形状や永久磁石の配置で d 軸の位置が決まります．ここでは回転子の構成により d 軸がどの方向に定義されるかを説明します．

(1) 円筒型回転子 (SPM)

円筒形状なので回転子の形状ではなく，永久磁石の N 極中心を d 軸と定義します．図 9.10 に示します．$L_d = L_q$ の場合です．

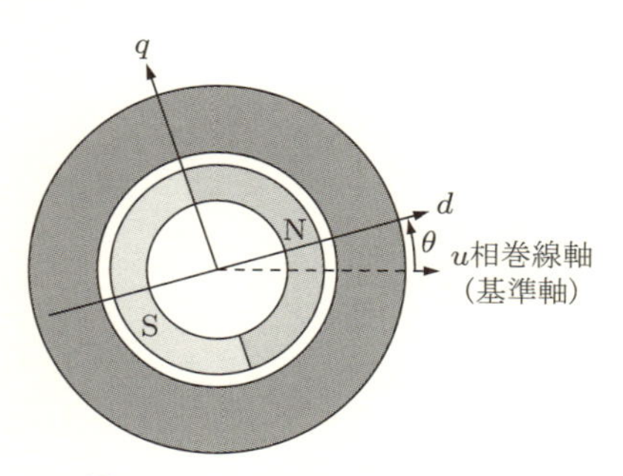

図 9.10　円筒型永久磁石回転子

(2) 突極回転子（シンクロナスリラクタンスモータ）

鉄心の形状が突極で永久磁石がない場合は回転子の突極中心が d 軸と定義されます．図 9.11 に示します．このとき，$L_d > L_q$ となります．

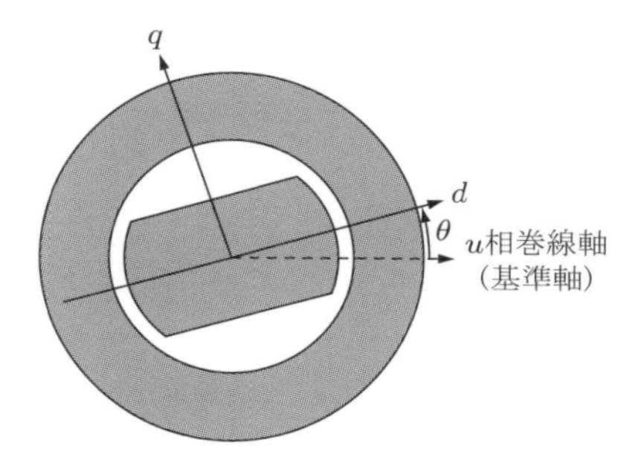

図 9.11　突極回転子

(3) 永久磁石突極回転子

回転子が突極形状で，しかも突極に永久磁石が配置されている場合は永久磁石の N 極中心を d 軸と定義します．回転子の形状による突極中心が d 軸上にあることになります．図 9.11 に示します．このとき，$L_d > L_q$ となります．

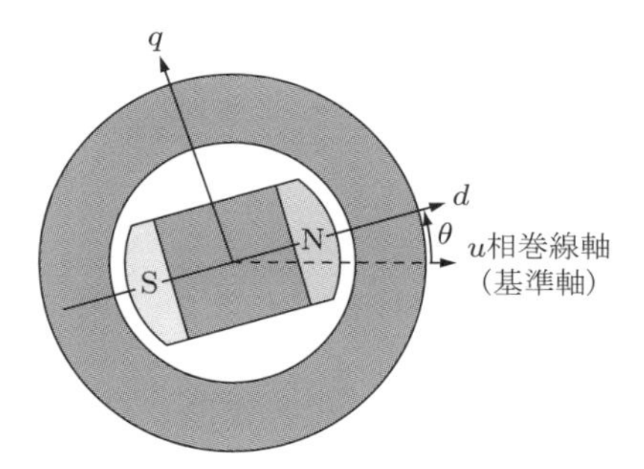

図 9.12　突極永久磁石回転子

(4) 永久磁石逆突極回転子

回転子の形状は円筒型ですが，回転子の一部が鉄心になっている場合にも永久磁石の N 極中心を d 軸と定義します．この場合，q 軸に鉄心があるので q 軸の磁気抵抗が小さくなります．図 9.12 に示します．このとき，$L_d < L_q$ となります．IPM モータの多くはこのような逆突極の回転子を使用しています．

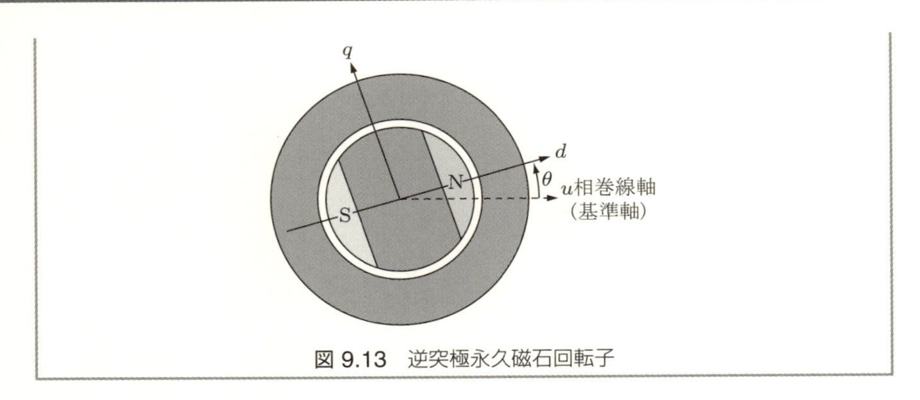

図 9.13　逆突極永久磁石回転子

付録　突極の場合のインダクタンス式

図 9.6，式 (9.25)〜(9.30) は逆突極の IPM モータの場合を示している．図 9.2 に示すような突極永久磁石回転子の場合，すなわち，$L_d > L_q$ の場合，次のように表される．

$$L_u = \ell_s + L_0 + L_{0p}\cos 2\theta \tag{9.36}$$

$$L_v = \ell_s + L_0 + L_{0p}\cos\left(2\theta + \frac{2}{3}\pi\right) \tag{9.37}$$

$$L_w = \ell_s + L_0 + L_{0p}\cos\left(2\theta - \frac{2}{3}\pi\right) \tag{9.38}$$

$$M_{uv} = -\frac{1}{2}L_0 + L_{0p}\cos\left(2\theta - \frac{2}{3}\pi\right) \tag{9.39}$$

$$M_{vw} = -\frac{1}{2}L_0 + L_{0p}\cos 2\theta \tag{9.40}$$

$$M_{uw} = -\frac{1}{2}L_0 + L_{0p}\cos\left(2\theta + \frac{2}{3}\pi\right) \tag{9.41}$$

10 誘導モータの瞬時値制御

本章では交流モータのうち最も多く使われている誘導モータの瞬時値制御について述べる．誘導モータはインバータで平均値制御されることも多いが，フィードバック制御により精密な瞬時値制御をされることも多くなってきている．本章ではかご型誘導モータを瞬時値制御するためのベクトル制御について述べる．

10.1 誘導モータの制御モデル

三相誘導モータは回転子の巻線構成によってかご型モータと巻線型モータに分かれる．一般的な中小容量の誘導モータはかご型モータであり，巻線型モータは大容量に限られる．そこで，第 5 章と同じように誘導モータとしてかご型モータのみを取り上げる．

10.1.1 誘導モータのモデル化

誘導モータの回転子の機械的な回転数 ω_m は回転磁界の電気的な回転数 ω とは異なる．両者の回転数の関係は滑り s により表される．

$$\omega_m = (1 - s)\omega \tag{10.1}$$

回転子の機械的回転数 ω_m を次のように表す．

$$\omega_m = \frac{d}{dt}\theta_m = \dot{\theta}_m \tag{10.2}$$

本書での記述は二極機を想定しているので，多極機の場合，実際の回転子の機械的な回転数 $\dot{\theta}_M$ は極対数 P_n を考慮して，$\dot{\theta}_M = \dot{\theta}_m/P_n$ とする必要がある．

いま，電源周波数と同期して回転する回転磁界の回転数 ω（同期回転数）を次のように表すことにする．

$$\omega = \frac{d}{dt}\theta = \dot{\theta} \tag{10.3}$$

この結果，誘導モータでは静止している固定子の座標，回転子の機械的回転 ω_m に同期して回転する回転座標のほかに，回転磁界の回転 ω に同期する回転座標の三つの座標系を考える必要がある．そこで次のような座標軸空間を用いることにする．

(1) 固定子のコイルは $\alpha\beta$ 軸の静止座標上にある．
(2) 回転子の機械的回転 ω_m に同期して回転する回転座標系を dq 軸座標とする．
(3) 回転磁界 ω に同期して回転する回転座標系を $\gamma\delta$ 軸座標とする．

以上の座標軸の関係を図 10.1 に示す．

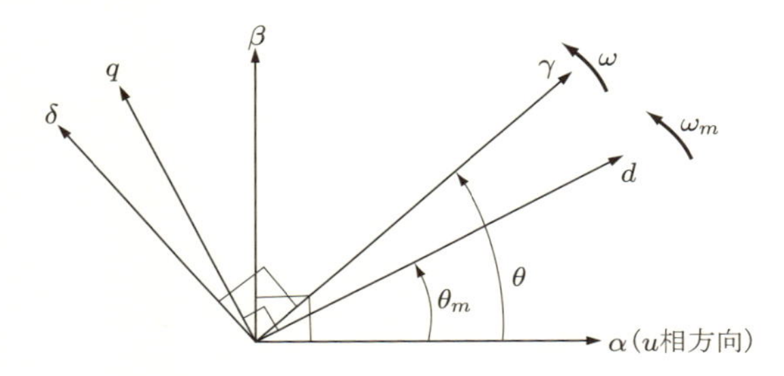

図 10.1　誘導モータモデルで用いる座標系

次にインダクタンスを考える．誘導モータの回転子は円筒型であり，突極ではない．したがって，インダクタンス行列の要素は，

$$M = M_d = M_q, \quad L_s = L_{sd} = L_{sq}, \quad L_r = L_{rd} = L_{rq} \tag{10.4}$$

である．そこで，漏れインダクタンスと自己インダクタンスを次のようにまとめて表すことにする．

$$
\begin{aligned}
L_{ss} &= \ell_s + L_s \\
L_{rr} &= \ell_r + L_r
\end{aligned}
\tag{10.5}
$$

さらに，かご型導体はエンドリングで短絡されているのでかご型導体に生じる誘導起電力はゼロである．すなわち，どの座標系で記述したとしても，$v_r = 0$ である．

10.1.2 誘導モータの電圧方程式

前項のような前提条件を用いて誘導モータの電圧方程式を導出する．まず，ω_m で回転する dq 座標上での誘導モータの電圧方程式を示す．

$$
\begin{bmatrix} v_{sd} \\ v_{sq} \\ 0 \\ 0 \end{bmatrix} = \begin{bmatrix} R_s + pL_{ss} & 0 & pM & 0 \\ 0 & R_s + pL_{ss} & 0 & pM \\ pM & \omega_m M & R_r + pL_{rr} & \omega_m L_{rr} \\ -\omega_m M & pM & -\omega_m L_{rr} & R_r + pL_{rr} \end{bmatrix} \begin{bmatrix} i_{sd} \\ i_{sq} \\ i_{rd} \\ i_{rq} \end{bmatrix}
\tag{10.6}
$$

なお，$p = \dfrac{d}{dt}$ である．

かご型回転子の回転子導体は短絡されているので，v_{rd}，v_{rq} の項はゼロとなっている．しかし i_{rd}，i_{rq} はゼロではないことに注意を要する．誘導モータのトルクは回転子電流 i_r と回転子に鎖交する磁束 ψ_r で発生するので，回転子電流 i_r がゼロであっては困るのである．

このとき，回転子への磁束鎖交数は次のように表すことができる．

$$
\begin{bmatrix} \psi_{sd} \\ \psi_{sq} \\ \psi_{rd} \\ \psi_{rq} \end{bmatrix} = \begin{bmatrix} L_{ss} & 0 & M & 0 \\ 0 & L_{ss} & 0 & M \\ M & 0 & L_{rr} & 0 \\ 0 & M & 0 & L_{rr} \end{bmatrix} \begin{bmatrix} i_{sd} \\ i_{sq} \\ i_{rd} \\ i_{rq} \end{bmatrix}
\tag{10.7}
$$

以上の式を使ってトルクを表すと次のようになる．

$$
\begin{aligned}
T &= P_n M(i_{sq} i_{rd} - i_{sd} i_{rq}) \\
&= P_n(\psi_{rq} i_{rd} - \psi_{rd} i_{rq}) \\
&= -P_n(\psi_{sq} i_{sd} - \psi_{sd} i_{sq})
\end{aligned} \tag{10.8}
$$

dq 座標系は回転子の機械的回転 ω_m に同期して回転する座標系である．誘導モータの回転子の回転は回転磁界の回転 ω から滑りが生じ，その結果得られるものである．つまり，dq 座標上では機械的回転は静止して見えるが，回転磁界は dq 座標と同期して回転していないので電圧や電流は dq 座標上では静止していない．したがって，dq 座標上では回転磁界の電流を直接制御することができない．電流制御は，回転磁界の回転速度 ω で回転する $\gamma\delta$ 座標上で行う必要がある．

$\gamma\delta$ 座標系での電圧方程式は次のようになる．

$$
\begin{bmatrix} v_{s\gamma} \\ v_{s\delta} \\ 0 \\ 0 \end{bmatrix} = \begin{bmatrix} R_s + pL_{ss} & -\omega L_{ss} & pM & -\omega M \\ \omega L_{ss} & R_s + pL_{ss} & \omega M & pM \\ pM & -(\omega - \omega_m)M & R_r + pL_{rr} & -(\omega - \omega_m)L_{rr} \\ (\omega - \omega_m)M & pM & (\omega - \omega_m)L_{rr} & R_r + pL_{rr} \end{bmatrix} \begin{bmatrix} i_{s\gamma} \\ i_{s\delta} \\ i_{r\gamma} \\ i_{r\delta} \end{bmatrix} \tag{10.9}
$$

このとき，磁束錯交数は次のように表される．

$$
\begin{bmatrix} \psi_{s\gamma} \\ \psi_{s\delta} \\ \psi_{r\gamma} \\ \psi_{r\delta} \end{bmatrix} = \begin{bmatrix} L_{ss} & 0 & M & 0 \\ 0 & L_{ss} & 0 & M \\ M & 0 & L_{rr} & 0 \\ 0 & M & 0 & L_{rr} \end{bmatrix} \begin{bmatrix} i_{s\gamma} \\ i_{s\delta} \\ i_{r\gamma} \\ i_{r\delta} \end{bmatrix} \tag{10.10}
$$

また，トルクは次のように表される．

$$
\begin{aligned}
T &= P_n M(i_{s\delta} i_{r\gamma} - i_{s\gamma} i_{r\delta}) \\
&= P_n(\psi_{r\delta} i_{r\gamma} - \psi_{r\gamma} i_{r\delta}) \\
&= -P_n(\psi_{s\delta} i_{s\gamma} - \psi_{s\gamma} i_{s\delta})
\end{aligned} \tag{10.11}
$$

式 (10.11) は，$\gamma\delta$ 座標上において，$i_{s\gamma}$ と $i_{s\delta}$ を制御すればトルクを制御することができることを表している．どのように制御するかは次節で述べる．

10.2 ベクトル制御

まず，滑り周波数 ω_s を次のように定義する．

$$\omega_s = \omega - \omega_m \tag{10.12}$$

式 (10.9) に示した $\gamma\delta$ 軸上の電圧方程式を滑り周波数 ω_s を使って表すと次のようになる．

$$\begin{bmatrix} v_{s\gamma} \\ v_{s\delta} \\ 0 \\ 0 \end{bmatrix} = \begin{bmatrix} R_s + pL_{ss} & -\omega L_{ss} & pM & -\omega M \\ \omega L_{ss} & R_s + pL_{ss} & \omega M & pM \\ pM & -\omega_s M & R_r + pL_{rr} & -\omega_s L_{rr} \\ \omega_s M & pM & \omega_s L_{rr} & R_r + pL_{rr} \end{bmatrix} \begin{bmatrix} i_{s\gamma} \\ i_{s\delta} \\ i_{r\gamma} \\ i_{r\delta} \end{bmatrix} \tag{10.13}$$

式 (10.10) から回転子への磁束鎖交数に関する部分を取り出すと次のように表すことができる．

$$\begin{bmatrix} \psi_{r\gamma} \\ \psi_{r\delta} \end{bmatrix} = \begin{bmatrix} M & 0 & L_{rr} & 0 \\ 0 & M & 0 & L_{rr} \end{bmatrix} \begin{bmatrix} i_{s\gamma} \\ i_{s\delta} \\ i_{r\gamma} \\ i_{r\delta} \end{bmatrix} \tag{10.14}$$

ここで，式 (10.14) を用いて式 (10.13) を表すと次のようになる．

$$\begin{bmatrix} v_{s\gamma} \\ v_{s\delta} \\ 0 \\ 0 \end{bmatrix} = \begin{bmatrix} R_s+p\left(1-\dfrac{M^2}{L_{ss}L_{rr}}\right)L_{ss} & -\omega\left(1-\dfrac{M^2}{L_{ss}L_{rr}}\right)L_{ss} & \dfrac{M}{L_{rr}}p & -\dfrac{M}{L_{rr}}\omega \\ \omega\left(1-\dfrac{M^2}{L_{ss}L_{rr}}\right)L_{ss} & R_s+p\left(1-\dfrac{M^2}{L_{ss}L_{rr}}\right)L_{ss} & \dfrac{M}{L_{rr}}\omega & \dfrac{M}{L_{rr}}p \\ -\dfrac{M}{L_{rr}}R_r & 0 & p+\dfrac{R_r}{L_{rr}} & -\omega_s \\ 0 & -\dfrac{M}{L_{rr}}R_r & \omega_s & p+\dfrac{R_r}{L_{rr}} \end{bmatrix} \begin{bmatrix} i_{s\gamma} \\ i_{s\delta} \\ \psi_{r\gamma} \\ \psi_{r\delta} \end{bmatrix} \tag{10.15}$$

いま，回転子への鎖交磁束の方向が γ 軸であるとする．このとき，回転子の磁束鎖交数を ψ_2 とすると，

$$\begin{aligned} \psi_{r\gamma} &= \psi_2 \\ \psi_{r\delta} &= 0 \end{aligned} \tag{10.16}$$

と表すことができる．

式 (10.16) の関係を用いて式 (10.14)，(10.15) を表すと次のような関係が得られる．

$$i_{s\gamma} = \frac{\psi_2}{M} + \frac{L_{rr}}{MR_r}(p\psi_2) \tag{10.17}$$

$$\omega_s = \frac{R_r M}{L_{rr}\psi_2} i_{s\delta} \tag{10.18}$$

この式 (10.17) は回転子磁束鎖交数 ψ_2 と $i_{s\gamma}$ の関係を示しており，回転子磁束鎖交数 ψ_2 は $i_{s\gamma}$ により制御できることを表している．そこで，$i_{s\gamma}$ を磁化成分電流と呼ぶ．

さらに，トルクを表す式 (10.11) に式 (10.16) を代入すると次のようになる．

$$T = P_n(\psi_{r\delta} i_{r\gamma} - \psi_{r\gamma} i_{r\delta}) = -P_n \psi_2 i_{r\delta} \tag{10.19}$$

式 (10.10) の 4 行目から $i_{r\delta}$ を求めて式 (10.19) に代入すると，次のようになる．

$$T = P_n \frac{M\psi_2}{L_{rr}} i_{s\delta} \tag{10.20}$$

この式は ψ_2 を一定に保てばトルクは $i_{s\delta}$ に比例することを表している．トルクは $i_{s\delta}$ により制御できる．そこで，$i_{s\delta}$ をトルク成分電流と呼ぶ．磁化成分電流 $i_{s\gamma}$ とトルク成分電流 $i_{s\delta}$ の二つの電流は直交しており，それぞれ独立に制御できる．しかも，互いに影響することがない．磁化成分電流とトルク成分電流が直交しているという条件の下で，磁化成分電流により回転子の磁束鎖交数すなわち界磁磁束を制御し，トルク成分電流により電機子電流を制御し，それぞれ独立して制御することをベクトル制御という．なお，式 (10.16) をベクトル制御条件と呼ぶことがある．

10.3 直接型ベクトル制御

前節で得られた式 (10.17), (10.20) を使うと鎖交磁束とトルクをそれぞれ独立して制御できる．これによりトルクを直接制御することができるようになる．制御入力をトルク指令 T^*，磁束指令 ${\psi_2}^*$ とする†．この指令をまず次のように磁化成分電流とトルク成分電流の指令に変換する．

$$ {i_{s\gamma}}^* = \frac{{\psi_2}^*}{M} + \frac{L_{rr}}{MR_r}(p{\psi_2}^*) \tag{10.21} $$

$$ {i_{s\delta}}^* = \frac{1}{P_n} \cdot \frac{L_{rr}T^*}{M{\psi_2}^*} \tag{10.22} $$

ベクトル制御するためには，この二つの電流の指令値と固定子に実際に流れている電流 $i_{s\gamma}$，$i_{s\delta}$ が一致するように制御すればよい．$\gamma\delta$ 座標上の固定子電流 $i_{s\gamma}$，$i_{s\delta}$ は u，v，w 相を流れる実電流をフィードバックして座標変換できれば求めることができる．このようにして求めた電流偏差がゼロとなるように電圧を調節すればトルク成分，磁化成分の電流ともに望みの値に制御できる．これを直接型ベクトル制御という．

しかし，直接型ベクトル制御は $\gamma\delta$ 座標上で行う必要がある．実電流は三相電流であり，uvw 静止座標上にある．そこで，制御のための信号およびフィードバック信号には図 10.2 に示すような座標変換が必要となる．

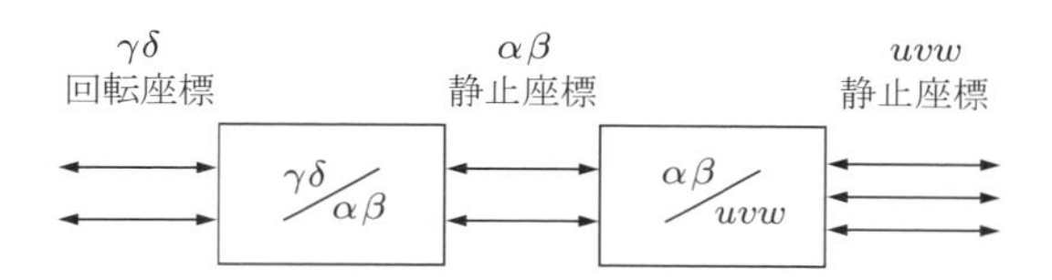

図 10.2 直接型ベクトル制御に必要な座標変換

このとき，$\gamma\delta$ 座標から $\alpha\beta$ 座標への変換には次のような変換行列を用いる必要がある．

† 指令値には * をつける．

$$\begin{bmatrix} i_{s\alpha}{}^* \\ i_{s\beta}{}^* \end{bmatrix} = \begin{bmatrix} \cos\theta & -\sin\theta \\ \sin\theta & \cos\theta \end{bmatrix} \begin{bmatrix} i_{s\gamma}{}^* \\ i_{s\delta}{}^* \end{bmatrix} \tag{10.23}$$

ここで，θ は α 軸と γ 軸の角度であるが，物理的には回転磁界により回転子に鎖交する磁束の位置である．磁束の位置を検出するためには磁束が検出できる磁束センサが必要である．磁束センサにより θ がわかる．磁束センサを用いた場合の制御システムを図 10.3 に示す．

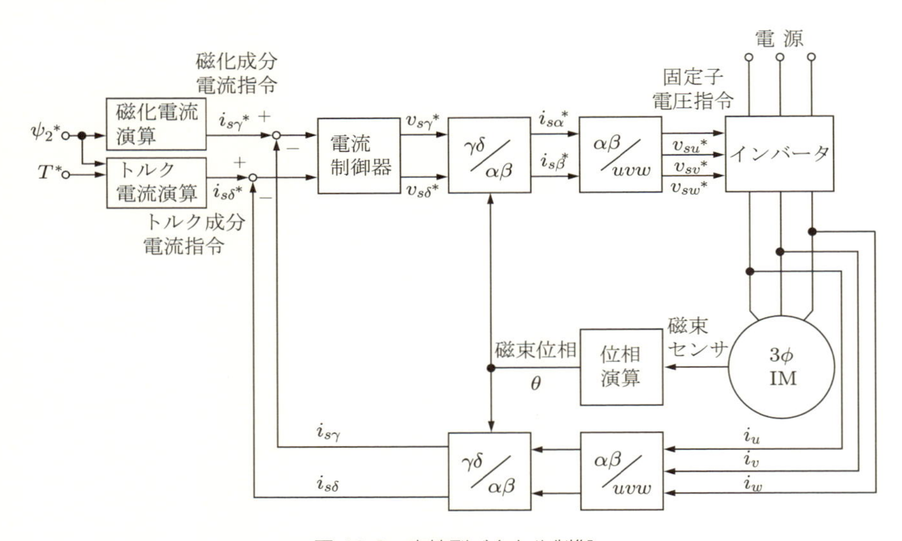

図 10.3　直接型ベクトル制御

直接型ベクトル制御は磁束を検出するので，磁束フィードバック型のベクトル制御とも言われている．しかしながら，磁束ベクトルの位置を検出できる実用的な磁束センサというものは現在のところは手に入らないと考えてよい．磁束の位置が検出できないと $\gamma\delta$ 座標上の電流へのフィードバック制御はできない．そのため，直接型ベクトル制御は実用化が難しいと考えられている．

磁束を直接検出することなしに，磁束位置が推定できれば直接型ベクトル制御を行うことができる．そのため磁束位置の推定ができるオブザーバを用いて磁束を観測し，磁束位置を推定することが行われる．

オブザーバ（状態観測器）とは，数式モデルを用いて内部の状態を外部から観測するもので，内部の状態（量）を入出力の量から推定する方法である．この場合にはモータの三相電圧，三相電流，回転数を検出し，それから回転子鎖交磁束の位相 θ を推定する．これにより直接型ベクトル制御が可能となる．磁束オブザーバを用いた場合の制御システムを図 10.4 に示す．オブザーバについては 10.6 節で説明する．

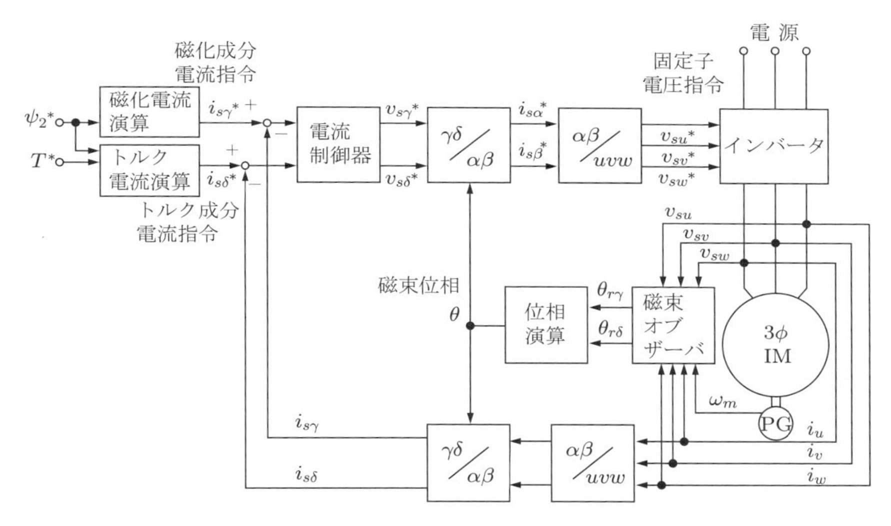

図 10.4　磁束オブザーバを用いた直接型ベクトル制御

10.4　間接型ベクトル制御

磁束を検出することなしにベクトル制御する方法を間接型ベクトル制御という．間接型ベクトル制御は磁束指令 ${\psi_2}^*$ から滑り周波数指令 ${\omega_s}^*$ を求め，滑りと回転子の回転数 ω_m から α 軸と γ 軸のなす角 θ を計算し，滑り周波数を指令値として用いる方法である．

滑り周波数指令 ${\omega_s}^*$ を求めるには式 (10.18) から導かれる次の式を用いる．

$$
{\omega_s}^* = \frac{R_r}{L_{rr}} \frac{M}{{\psi_2}^*} {i_{s\delta}}^* \tag{10.24}
$$

$\gamma\,\delta$ 座標軸は同期速度 ω で回転しているので，$\omega = \dot{\theta}$ である．また，$\omega = \omega_m + \omega_s$

の関係があるので，次のように積分すれば γ 軸と α 軸のなす角を指令値 θ^* として求めることができる．

$$\theta^* = \int \omega^* dt = \int (\omega_m + {\omega_s}^*) dt \tag{10.25}$$

$\gamma\delta$ 座標上の電流 $i_{s\gamma}$，$i_{s\delta}$ は次のような長さと方向の空間ベクトル i_s と考えることができる．

$$|i_s| = \sqrt{{i_{s\gamma}}^2 + {i_{s\delta}}^2} \tag{10.26}$$

$$\phi_s = \tan^{-1}\left(\frac{i_{s\delta}}{i_{s\gamma}}\right) \tag{10.27}$$

このように考えると，$\alpha\beta$ 軸上での電流の大きさを

$$i_1{}^* = \sqrt{{i_{s\gamma}}^{*2} + {i_{s\delta}}^{*2}} \tag{10.28}$$

とし，電流の位相を

$$\theta_1{}^* = \theta^* + \phi_s{}^* \tag{10.29}$$

とした電流指令を用いれば間接的に $\alpha\beta$ 軸上でベクトル制御できることになる．これらの位相関係を図 10.5 に示す．

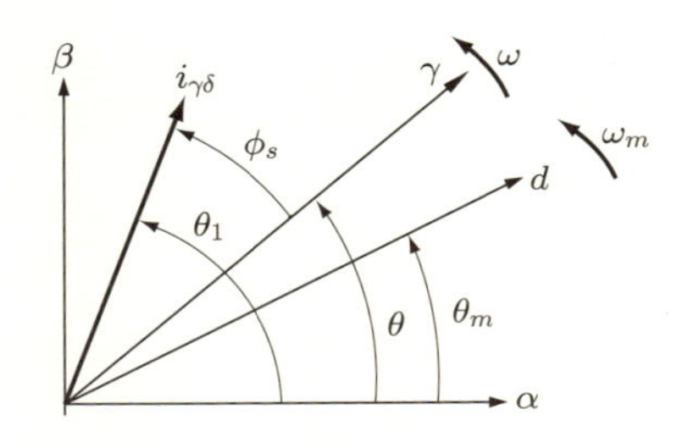

図 10.5　位相角の関係

このような制御法を滑り周波数型ベクトル制御という．この制御システムをブロック線図に示すと図 10.6 のようになる．

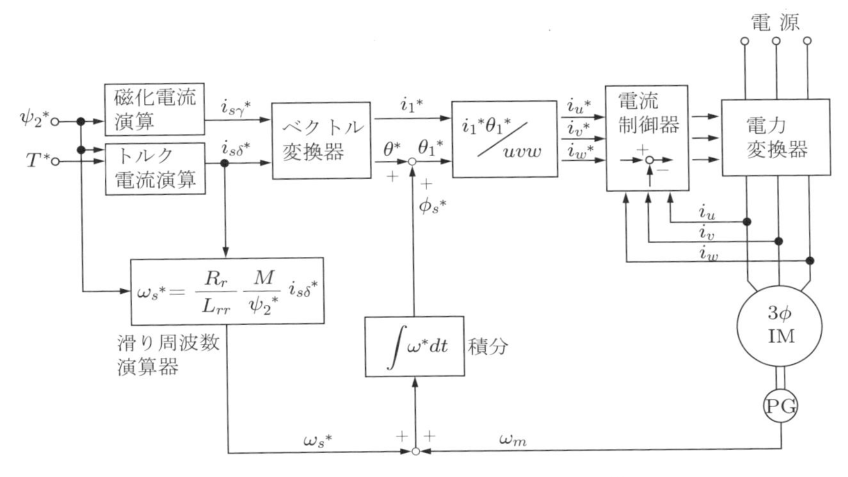

図 10.6　滑り周波数型の間接ベクトル制御

10.5　弱め磁束制御

ここまでのベクトル制御の説明では，回転子磁束鎖交数 ψ_2 は一定と考え，トルクは電流に比例するとしてトルクを制御した．第 5 章で述べたように，誘導モータの V/f 一定制御では，周波数と電圧を比例させることにより磁束がほぼ一定となる．また，基底周波数以上では，V 一定制御で周波数のみ調節して高速回転させる．このとき，周波数が増加しても電圧が一定なため磁束は一定とならず，周波数上昇とともに磁束が低下する．VVVF 制御の基底回転数以上ではこれを弱め界磁と呼んだ．

ベクトル制御を行った場合でも弱め界磁により高速回転が可能である．弱め界磁するための制御法を弱め磁束制御という．

弱め磁束制御について説明してゆく．回転磁界により回転子に鎖交する磁束鎖交数は式 (10.10) で表された．

$$\begin{bmatrix} \psi_{s\gamma} \\ \psi_{s\delta} \\ \psi_{r\gamma} \\ \psi_{r\delta} \end{bmatrix} = \begin{bmatrix} L_{ss} & 0 & M & 0 \\ 0 & L_{ss} & 0 & M \\ M & 0 & L_{rr} & 0 \\ 0 & M & 0 & L_{rr} \end{bmatrix} \begin{bmatrix} i_{s\gamma} \\ i_{s\delta} \\ i_{r\gamma} \\ i_{r\delta} \end{bmatrix} \qquad (10.10)\ 再掲$$

回転子に鎖交する磁束 ψ_r の方向を γ 軸としているので，式 (10.10) の 3 行目と 4 行目から次の関係が得られる．

$$\psi_{r\gamma} = L_{rr}i_{r\gamma} + Mi_{s\gamma} = \psi_2 \tag{10.30}$$

$$\psi_{r\delta} = L_{rr}i_{r\delta} + Mi_{s\delta} = 0 \tag{10.31}$$

回転磁界に同期して角速度 ω で回転する $\gamma\delta$ 座標軸上での誘導モータの電圧方程式である式 (10.13) を滑り周波数 ω_s を使って書き直すと次のようになる．

$$\begin{bmatrix} v_{s\gamma} \\ v_{s\delta} \\ 0 \\ 0 \end{bmatrix} = \begin{bmatrix} R_s & 0 & 0 & 0 \\ 0 & R_s & 0 & 0 \\ 0 & 0 & R_r & 0 \\ 0 & 0 & 0 & R_r \end{bmatrix} \begin{bmatrix} i_{s\gamma} \\ i_{s\delta} \\ i_{r\gamma} \\ i_{r\delta} \end{bmatrix} + \begin{bmatrix} p & -\omega & 0 & 0 \\ \omega & p & 0 & 0 \\ 0 & 0 & p & -\omega_s \\ 0 & 0 & \omega_s & p \end{bmatrix} \begin{bmatrix} \psi_{s\gamma} \\ \psi_{s\delta} \\ \psi_{r\gamma} \\ \psi_{r\delta} \end{bmatrix} \tag{10.32}$$

式 (10.32) の 3 行目と 4 行目から回転子電流と回転子磁束の関係が得られる．

$$0 = R_r i_{r\gamma} + p\psi_{r\gamma} - \omega_s \psi_{r\delta} \tag{10.33}$$

$$0 = R_r i_{r\delta} + p\psi_{r\delta} + \omega_s \psi_{r\gamma} \tag{10.34}$$

式 (10.30)，(10.31) を用いて式 (10.33)，(10.34) を整理すると次のようになる．

$$i_{r\gamma} = -\frac{1}{R_r}p\psi_2 \tag{10.35}$$

$$i_{r\delta} = -\frac{\omega_s}{R_r}\psi_2 \tag{10.36}$$

また，式 (10.30)，(10.31) は次のように書き直すことができる．

$$Mi_{s\gamma} = \psi_2 - L_{rr}i_{r\gamma} \tag{10.37}$$

$$i_{s\delta} = -\frac{L_{rr}}{M}i_{r\delta} \tag{10.38}$$

式 (10.37) に式 (10.35) を代入すると次のようになる．

$$Mi_{s\gamma} = \psi_2 + \frac{L_{rr}}{R_r} p\psi_2 \tag{10.39}$$

ここで，

$$\frac{L_{rr}}{R_r} = \tau_r \tag{10.40}$$

とおく．τ_r は回転子の等価回路の時定数である．τ_r を用いると，式 (10.39) は次のように書ける．

$$Mi_{s\gamma} = \psi_2 + \tau_r p\psi_2 \tag{10.41}$$

したがって，磁化成分電流 $i_{s\gamma}$ は次のように表される．

$$i_{s\gamma} = \frac{1}{M}(1 + \tau_r p)\psi_2 \tag{10.42}$$

弱め磁束制御領域においては回転数に反比例して回転子磁束鎖交数の指令値 ${\psi_2}^*$ を減少させる．式 (10.42) は，磁化成分電流に対し，磁束は時定数をもって変化することを表している．式 (10.42) を伝達関数で考え，ラプラス変換して微分を s で表すと次のようになる

$$\frac{\Psi_2}{I_s} = \frac{M}{1 + \tau_r s} \tag{10.43}$$

この式は 1 次遅れの形式となっている．つまり，回転子の鎖交磁束は磁化成分電流に対し，時間遅れをもって応答することを表している．また，発生トルクは次の式で表される．

$$T = P_n \frac{M\psi_2}{L_{rr}} i_{s\delta} \qquad \text{(10.20) 再掲}$$

弱め磁束制御しない場合，回転子磁束鎖交数 ψ_2 は一定と考えており，式 (10.21) より次のように表せる．

$$i_{s\gamma} = \frac{\psi_2}{M} \tag{10.44}$$

つまり，磁化電流成分 $i_{s\gamma}$ は回転子磁束鎖交数と比例している．ところが，弱

め磁束制御を行って回転子磁束を変化させた場合，時定数の項があるので，

$$i_{s\gamma} = \frac{\psi_2}{M}(1 + \tau_r p) \neq \frac{\psi_2}{M} \tag{10.45}$$

となる場合がある．この式は回転子回路の時定数の影響により ψ_2 と i_r が直交しなくなる場合があることを表している．

しかし，実質的には磁化電流は ψ_2/M で決まるので，ψ_2/M が変化せず，一定になればよい．すなわち，

$$p\frac{\psi_2}{M} = 0 \tag{10.46}$$

とすればよい．このとき，

$$p\psi_2 = 0 \tag{10.47}$$

となる．この条件が成り立てばベクトル制御が可能となる．

図 10.6 に示した滑り周波数型のベクトル制御には弱め磁束制御を適用できる．高回転数で出力電圧が電源電圧の上限を超える場合には磁束指令を回転数に反比例するように低下させる．このとき，磁束指令を次のように与える．

$$\psi_{2FW}{}^* = \psi_{2N}{}^* \frac{\omega_N}{\omega_m} \tag{10.48}$$

ここで，

$\psi_{2FW}{}^*$：磁束指令
$\psi_{2N}{}^*$：定格磁束指令
ω_N：定格回転数
ω_m：実際の回転数

である．

なお，弱め磁束制御には相互インダクタンスが関係しているので，鉄心飽和があればこれらの式で表されるような線形関係でなくなることに注意を要する．

10.6　センサレス制御

ここまで述べたように，ベクトル制御では制御演算に回転子位置の情報を必要としている．そのため，速度センサ[†1]による回転子位置のフィードバックが不可欠である．制御のためにモータの回転軸に速度センサを取り付ける必要がある．しかし，取り付け環境，コストおよびセンサからの信号線の扱いなどで，センサを取り付けないで制御したい場合もある．また，トルク制御の要求精度が低い場合もある．そのような場合に速度センサを取り付けずにベクトル制御を行うのが速度センサレスベクトル制御である．

速度センサレスベクトル制御は電圧または電流などの電気的な情報のみを用いて回転子位置や磁束ベクトルの位相を推定する方法である．これについて簡単に紹介する．

10.6.1　電圧による方法

間接型ベクトル制御されている場合，

$$\omega_s{}^* = \frac{R_r}{L_{rr}}\frac{M}{\psi_2}i_{s\delta}{}^* \tag{10.24 再掲}$$

の関係にあるので，滑り周波数指令 $\omega_s{}^*$ とトルク成分電流指令 $i_{s\delta}{}^*$ は比例する．トルク成分電流 $i_{s\delta}$ が指令値 $i_{s\delta}{}^*$ と一致しているとすれば，この関係を使って滑り周波数が推定できる．滑り周波数の推定値 $\hat{\omega}_s$ は次のように表される[†2]．

$$\hat{\omega}_s = \frac{R_r}{L_{rr}}\frac{M}{\psi_2}i_{s\delta} \tag{10.49}$$

回転子磁束 ψ_2 が一定ならば，この条件は成り立つ．そのために，この条件が成り立つように周波数を制御する．

10.6.2　電流による方法

この方法は検出した電流から演算したトルク成分電流 $i_{s\delta}$ が指令値 $i_{s\delta}{}^*$ と一致するように周波数を制御する方法である．実電流からトルク成分電流を次の

†1　回転数，回転子角度を検出するセンサを速度センサと呼ぶ場合が多い．

†2　推定値には＾（ハット）をつける．

ように求める．

$$i_{s\delta} = -i_{s\alpha}\cos\theta + i_{s\beta}\sin\theta \tag{10.50}$$

ここで，

$$\begin{aligned}\cos\theta &= \frac{\psi_{r\alpha}}{\sqrt{{\psi_{r\alpha}}^2 + {\psi_{r\beta}}^2}}\\ \sin\theta &= \frac{\psi_{r\beta}}{\sqrt{{\psi_{r\alpha}}^2 + {\psi_{r\beta}}^2}}\end{aligned} \tag{10.51}$$

であり，θ は α 軸と γ 軸のなす角である．

これにより回転子磁束 $\psi_{r\alpha}$，$\psi_{r\beta}$ を次のように推定する．

$$\hat{\psi}_{r\alpha} = \frac{L_r}{M}\left\{\int(v_{s\alpha} - r_s i_{s\alpha})\,dt - \frac{L_s L_r - M^2}{L_s L_r}L_s i_{s\alpha}\right\} \tag{10.52}$$

$$\hat{\psi}_{r\beta} = \frac{L_r}{M}\left\{\int(v_{s\beta} - r_s i_{s\beta})\,dt - \frac{L_s L_r - M^2}{L_s L_r}L_s i_{s\beta}\right\} \tag{10.53}$$

10.6.3　オブザーバによる方法

現代制御理論を用いて回転数を推定する方法である．電圧方程式を現代制御理論で扱う状態方程式とする．回転数を状態方程式の状態量として推定する方法と考えてよい．状態方程式とは次のような形式の方程式である．

$$\begin{aligned}\dot{x}(t) &= A\cdot x(t) + B\cdot u(t)\\ y(t) &= C\cdot x(t)\end{aligned} \tag{10.54}$$

状態方程式の $u(t)$ を電圧，$y(t)$ を電流とおき，推定したい回転数などの状態量を $x(t)$ とする．

状態オブザーバとはこの状態方程式中の状態量をオブザーブ（観測）する方法である．状態オブザーバを使った方法は図 10.7 に示すように制御器内にモータモデルをもち，モータモデル中で状態量が観測できる．検出した電流とモータモデルでシミュレーションして推定した電流が一致するように誤差をフィードバックする．これが一致すれば，モータモデルから状態量（この場合

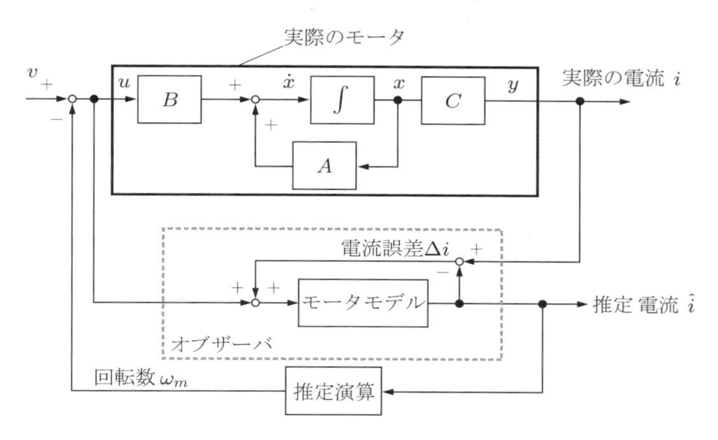

図 10.7　状態オブザーバ

は回転数）の推定値が得られる．

センサレス制御を行う場合，制御演算にモータの定数を使うので温度によるモータ定数の変動を考慮する必要がある．また，低回転時には低電圧になるので制御の精度が低下してしまう．センサレス制御のメリット，デメリットをよく考えて行う必要がある．

COLUMN

弱め界磁と弱め磁束

第 5 章で述べた「弱め界磁」とはモータの運転状態を指す言葉です．もともとは直流モータなどの巻線界磁のモータで使われていた用語です．直流モータは電源電圧の上限で最高回転数が決まってしまうので，それ以上に回転数を上げたいときに，界磁を弱めて回転数を上げる運転方法です．界磁巻線のある分巻直流モータ，巻線型同期モータでは，界磁電流を下げることが界磁を弱めることになります．

一方，制御で使っている「弱め磁束」とは永久磁石同期モータや誘導モータのベクトル制御で用いる制御法を指しています．永久磁石同期モータの場合，負の d 軸電流を流して電機子反作用による減磁作用により磁束鎖交数を低下させる制御です．誘導モータの場合，d 軸電流を減らして回転子への磁束鎖交数を低下させる制御です．

つまり，「弱め磁束制御」により「弱め界磁運転」を行っていると考えるのがよいでしょう．

11 そのほかのモータの制御 —ブラシレスモータとSRモータ—

本章では小型モータとしてよく使われているブラシレスモータの制御について述べる．ブラシレスモータを直流モータとして扱う場合と，交流同期モータとして扱う場合について述べる．さらに，永久磁石を使わないモータとして注目されている SR モータ（スイッチトリラクタンスモータ）の制御についても概要を述べる．

11.1 ブラシレスモータとは

ブラシレスモータとは，永久磁石直流モータの整流子とブラシによる電流極性の機械的な切り替えを電子回路により行うモータである．ブラシレス直流モータとも呼ばれる．

従来のブラシのある永久磁石直流モータは永久磁石（界磁）が固定子であり，回転子にコイル（電機子）がある．一方，ブラシレスモータは回転子が永久磁石であり，固定子にコイルがある，回転界磁方式のモータである．

直流モータではコイルの回転に伴い，整流子が接触するブラシが切り替わり，コイルの電流の方向が切り替わる．これを転流作用という．転流の様子を図 11.1 に示す．

図 (a) は直流モータの整流子が回転することにより接触するブラシが切り替わり，コイルに流れる電流の方向が切り替わることを示している．図 (b) は同じことをスイッチの切り替えで行えることを示している．図のように，スイッチ S_1，S_2 を交互にオンオフする．左側の図は，コイルが電源のプラスに接続される状態であり，コイルに向けて電流が流れる．右側の図では，コイルが電源のマイナスに接続されるため，コイルから電流が流出する．図 (b) のスイッチの切り替えを回転子の永久磁石の極性に応じて行えば，ブラシと整流子の作

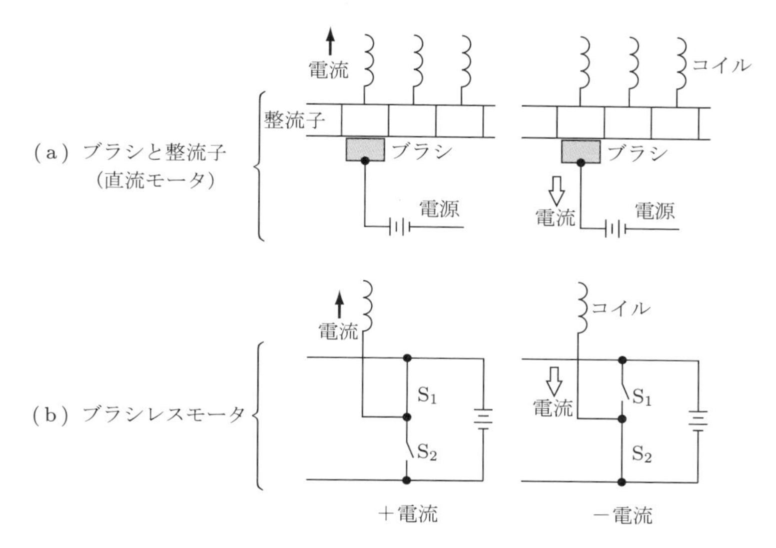

図 11.1　転流（電流の切り替え）

用をスイッチの切り替えで行うことができ，ブラシが不要になる．

永久磁石の磁極位置の検出には，ホール素子，磁気飽和素子などの磁気センサ，光を位置により遮断して検出する光センサなどが使われる．

ブラシレスモータを磁極位置検出センサと電流切り換えのためのスイッチ回路を含めた一つのシステムとして考える．ブラシレスモータシステムの構成を図 11.2 に示す．ここでは固定子に三相コイルを用いた場合を示している．このとき電流切り替え回路は通常の三相インバータ回路である．

ブラシレスモータの回転子は永久磁石である．回転子の断面を図 11.3 に示す．鉄心の表面に永久磁石が接着されており，SPM 同期モータと類似の構成である．

ブラシレスモータでは回転子の着磁パターンがモータ特性に大きく影響する．代表的な着磁パターンとして正弦波着磁と台形着磁がある．図 11.4 は着磁法による回転子表面の磁束密度の違いを表している．

正弦波着磁の場合，磁束密度の変化は正弦波状に滑らかに変化する．一方，台形着磁の場合，N，S 極の切り替え位置では磁束密度の変化が急峻である．このような着磁パターンの違いによりモータの特性が異なる．

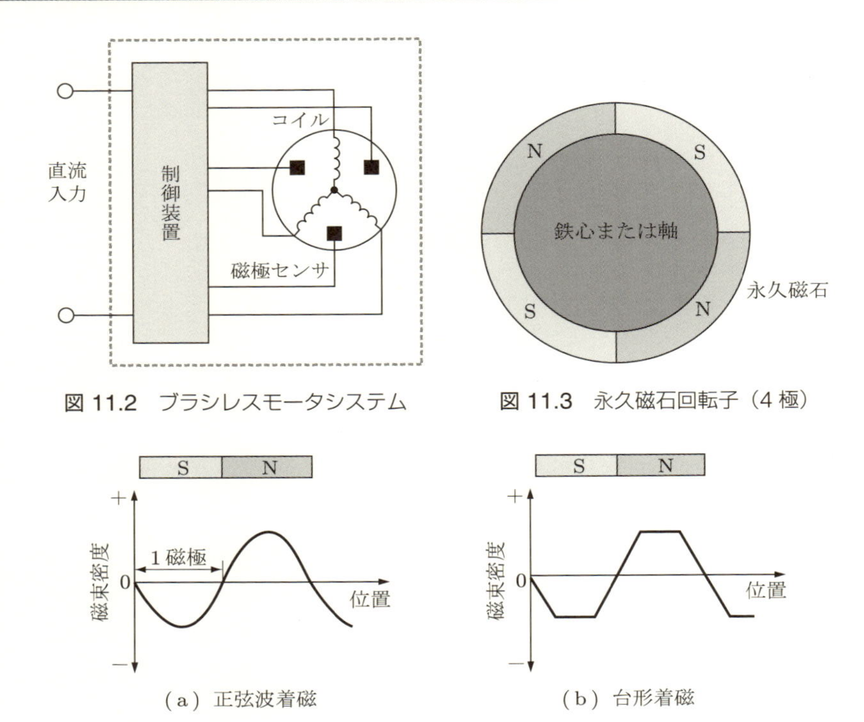

図 11.2　ブラシレスモータシステム

図 11.3　永久磁石回転子（4 極）

図 11.4　着磁パターン

また，コイルが集中巻きか分布巻きか，電流をプラスマイナスに切り替えるだけか，PWM 制御により正弦波電流を流すか，などでモータの特性が変わってしまう．このようなモータの構造，構成の違いにより制御法も異なる．

一般的に，台形着磁の場合は，N 極と S 極の切り替え位置で磁束が急に変化するためコギングトルク†が大きい．しかし，磁束数が多くなるので最大トルクを大きくすることができる．正弦波着磁の場合，磁束の変化が滑らかなのでコギングトルクは小さいが，磁束数が台形着磁より少なく，最大トルクも小さくなる．さらに，コイルに正弦波電流を流せば運転中のトルク脈動が小さくなり，制御性も上がる．しかし，こうなると SPM 同期モータとあまり変わらなくなってくる．ブラシレスモータの回転子の磁束密度分布を正弦波状に着磁

† 鉄心と永久磁石の吸引力により電流を流さなくても生じるトルク．

し，正弦波電流で制御する場合は，第9章で述べた永久磁石同期モータ（SPM）と同様に考えるべきである．このような場合にはブラシレスモータと呼ばれてはいるが，原理的には同期モータである．

ブラシレスモータを制御するにあたって，制御回路の入力の直流電圧または直流電流を制御して直流モータとして駆動するか，モータ電流を交流と考え，交流モータとして駆動するかとに分けて考えてゆくことにする．

11.2 直流モータとしての制御

まず直流モータとして考えてゆく．このとき，駆動電流の制御はプラスマイナスの切り替えだけを行う．ブラシレスモータを図11.2のようにシステムとして考え，入力する直流電圧，電流を制御すると考えれば，基本的には第4章で示したブラシ付きの直流モータの制御と同じと考えてよい．

回転子の磁極位置に応じてコイルに流す電流の極性を切り替える制御を行うとする．つまり，回転に応じてプラスマイナスの極性が切り替わるだけの矩形波の電流が流れる．このように考えると，ブラシ付きの永久磁石直流モータの回転子と固定子の役割を入れ替えただけであり，全く同じ原理で回転する．したがって，モータの特性もブラシ付きの永久磁石直流モータと同等と考えることができる．つまり，制御装置も含んだブラシレスモータシステムは，外部から見ると永久磁石方式の直流モータであると考えることができる．したがって，第4章に示した永久磁石直流モータの特性式がそのまま使える．ブラシレス直流モータと呼ばれるのはこのためである．電圧方程式は次のようになる．

$$V = E + R \cdot I \qquad \text{(4.13) 再掲}$$

このときの電圧，電流は直流入力の電圧，電流の平均値であり，外部電源により電圧または電流を制御すればブラシレスモータの平均値制御が可能である．モータ特性は永久磁石直流モータと同じく次の基本式で考えてゆくことができる．

$$T = K_T I \qquad \text{(2.4) 再掲}$$

$$E = K_E \omega \qquad \text{(2.5) 再掲}$$

しかし，ブラシ付きモータとまったく同じというわけではなく，制御にあたってはブラシレスモータ特有の現象を考える必要がある．ブラシ付き直流モータと最も大きく違うのは回転方向の切り替えである．ブラシ付きモータの場合，電源のプラスマイナスの極性を切り替えれば逆転する．しかし，ブラシレス DC モータの場合，整流子の機能をインバータのスイッチングで行っているので電源の極性を逆にすることはできない．逆転させる場合，スイッチの切り替え順序を逆転させる必要がある．

さらに，制御においては，コイルのインダクタンスが大きいことを考える必要がある．すなわち，ブラシレスモータのコイルのインダクタンスはブラシ付きの永久磁石直流モータのコイルのインダクタンスより大きいので，インダクタンスによる誘起電圧が大きくなる．

いま，電機子コイルは三相巻線とする．このとき，制御装置内部のスイッチ回路とモータコイルの関係を図 11.5 に示す．モータコイルにはスイッチがそれぞれ接続されており，三相インバータ回路を構成している．上下のスイッチが交互にオンオフを一定の順序で繰り返して，コイルを流れる電流の向きを変えている．

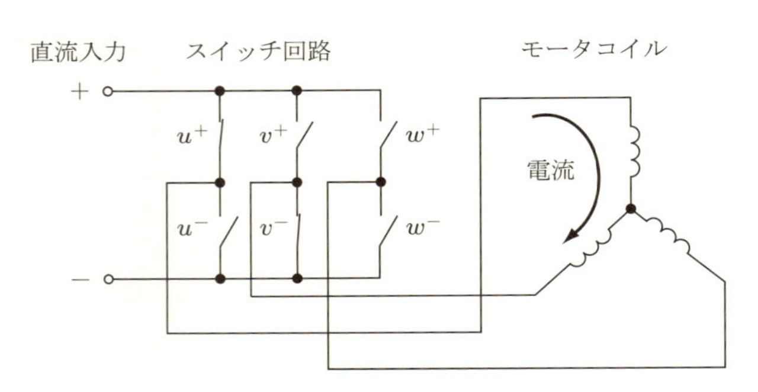

図 11.5　ブラシレスモータシステムの主回路

上下の各スイッチがペアになり同時にオンオフする．オンオフに応じて電流の経路が切り替わる．いま u^+ と v^- をオンにすると，図に示す経路の電流が流れ始めようとする．モータコイルにはインダクタンスがあるのでインダクタンスによる過渡現象により，電流の立ち上がりが遅れてしまう．

すなわち電圧はスイッチオンにより矩形波で立ち上がるが，電流は矩形波ではなく，インダクタンスの影響で時定数をもって立ち上がる．モータの発生トルクは電流に比例するので，電流の立ち上がりに対応しトルクの立ち上がりも遅れる．モータトルクは図 11.6 に示すように一定とはならず電流波形と同じような波形で発生する．

モータの発生するトルクは，3 相分の発生トルクの合計である．すなわち，各瞬時に発生するトルクは，1 相で発生するトルクの 2 倍の大きさである．ただし，電流の立ち上がりの遅れにより 1 周期で 6 回トルクのくぼみができてし

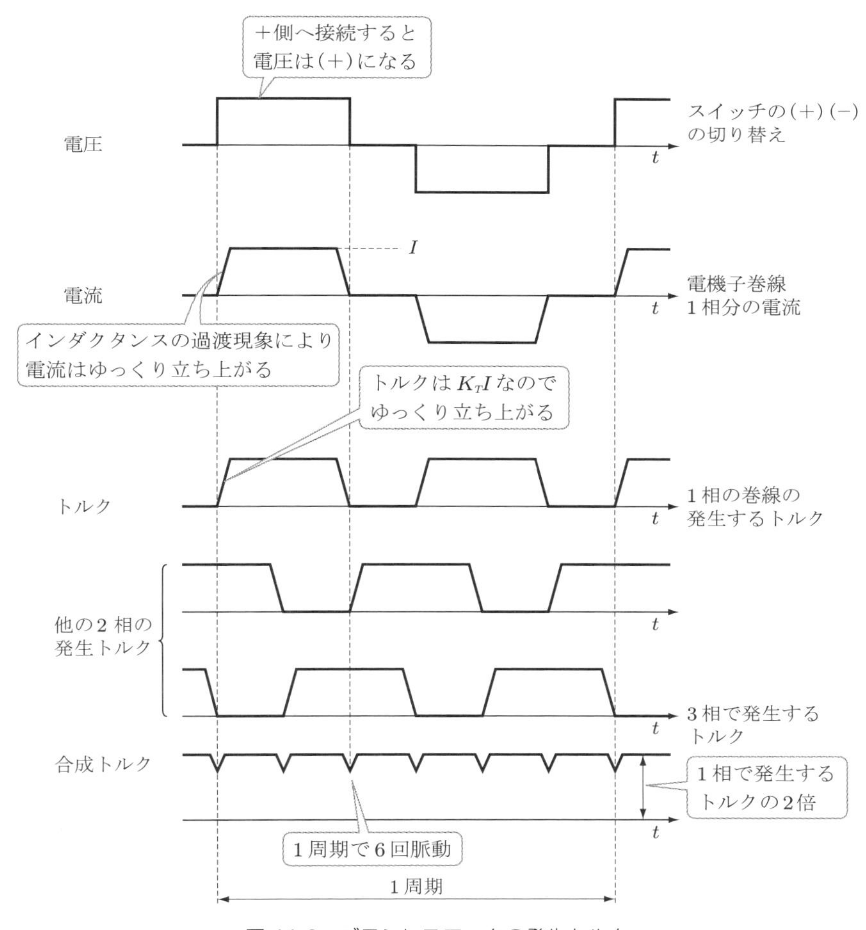

図 11.6　ブラシレスモータの発生トルク

まう．つまり，回転周波数の 6 倍の周波数でトルクが脈動してしまう．

ここまでの説明は理想的なスイッチが上下同時にオンオフするとしてきた．また，スイッチオフに伴う誘起電圧については触れていない．

実際には図 11.7 に示すようにスイッチ S_1 オフ時のモータコイルのインダクタンスの誘起電圧によりスイッチングデバイスに逆並列に接続されたフリーホイールダイオード D_2 が導通する．そのため，モータ端子に誘起電圧が現れる期間が長くなってしまう．

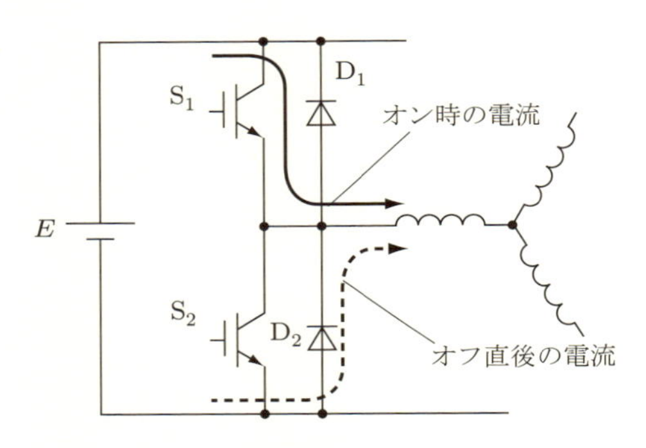

図 11.7　誘起電圧による電流

ブラシレスモータの矩形波駆動では一般的に 120 度通電方式が使われる．120 度通電方式では各相が 120 度の期間だけ導通し，60 度の期間は非導通である．すなわち，常に 2 相が導通し，1 相は無通電となる．

120 度通電方式の端子電圧波形を図 11.8 に示す．ここでは u 相だけ考え，上下のスイッチの導通状態と誘起電圧の関係を示している．u 相に生じる誘起電圧が大きい 120 度の期間は u^+ がオンになっている．このとき，u 相から電流が流れるので，u 相の端子に現れる電圧は電源電圧 E となる．誘起電圧が最小の 120 度期間は u^- がオンである．この期間は u 相に向けて電流が流れるので，u 相の端子電圧はゼロとなる．u^+ がオフの直後に短時間だけ誘起電圧がゼロになっているのはこの期間には v，w 相のダイオードが導通していることを示している．

このように 120 度通電方式では u^+，u^- のいずれも導通していない 60 度の期間に端子電圧に誘起電圧が表れる．これを利用して，誘起電圧のゼロクロス

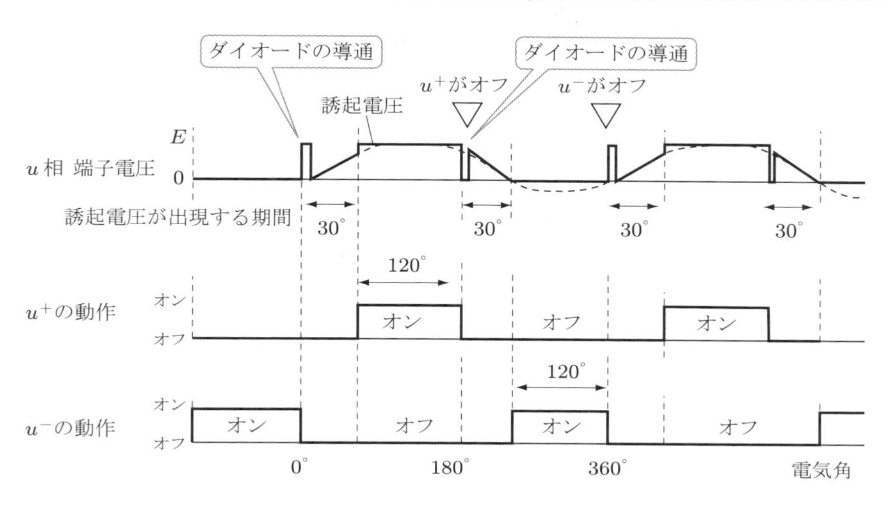

図 11.8 端子に現れる誘起電圧波形

のタイミングを検出すれば回転子の磁石位置を知ることができる．このゼロクロスを検出して転流のタイミングとすることにより磁極センサレス制御が可能である．

矩形波駆動の場合，図 11.6 に示すように電流がプラスマイナスに切り替わるごとにトルクが脈動する．そこで，電流を正弦波に制御して電流変化を緩やかにする制御が用いられる．これをブラシレスモータの正弦波駆動という．正弦波電流を流すためには PWM 制御を行う．この場合，通電期間は 180 度となる．

ブラシレスモータのトルクは永久磁石の磁極と電流が直交しているときに最も大きくなる．回転子磁石の磁束により誘導される速度起電力は磁束の時間積分で表される．

$$v_a = \int \psi_a dt \tag{11.1}$$

これを時間波形で考えると，速度起電力による誘起電圧波形は印加した電圧より 90 度位相が進むことになる．すなわち，永久磁石による誘起電圧と電流が同位相のときに磁束と電流が直交することになり，トルクが最大となる．ホール素子などの磁極センサで磁極位置を検出して制御する場合，磁極位置は誘起電圧の極性の切り替わりから得ることになる．しかし，磁極の極性の切り替わりのタイミングで電流の極性を切り替えても，コイルのインダクタンスにより電流の立ち上りが遅れ，電流の位相は端子電圧の位相より遅れてしまう．

図 11.9(a) に端子電圧を誘起電圧と同位相になるように印加した場合を示す．このとき，電流の位相はインダクタンスにより遅れている．トルクは誘起電圧と電流の積であると考えることができる．この場合，誘起電圧が負の半周期になっても電流の位相が遅れているため電流は正のままである．つまり，この区間では生じるトルクの符号が反転し，逆方向のトルク（制動トルク）を生じてしまう．そのため，最大トルクが小さくなるばかりでなく，効率も低下してしまう．

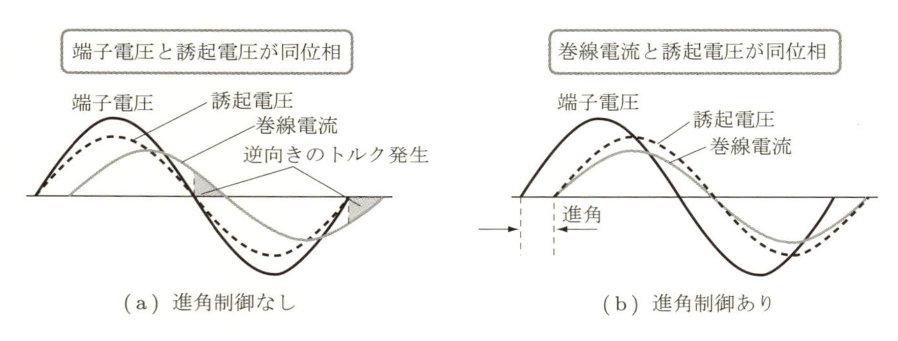

(a) 進角制御なし　(b) 進角制御あり

図 11.9　進角制御

そこで，電流の位相を進めて図 11.9(b) に示すように制御する．これを進角制御という．適切な進角制御を行えば電流と誘起電圧の位相が一致し，制動トルクを生じることもなく，高効率で運転できる．しかし，進角は常に一定値ではなく，回転数，トルクで変化する．そのため，最適進角値の決定および電流位相の検出が必要となる．ブラシレスモータの制御を安価に行うため，これらのセンサレス化，進角のテーブル化，および最適進角の推定法などの様々な開発が行われている．

進角制御について第 9 章で述べた同期モータの空間ベクトルを用いて説明する．進角制御により時間波形で誘起電圧と電流位相が一致している状態のベクトル図を図 11.10 に示す．永久磁石の磁束 ψ_a は d 軸方向とする．したがっ

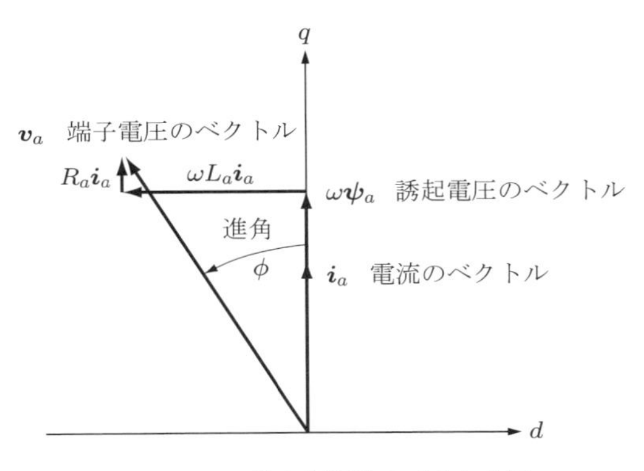

図 11.10　進角制御時のベクトル図

て，$\boldsymbol{\psi}_a$ により誘導される誘起電圧 $\boldsymbol{v}_a = \omega\boldsymbol{\psi}_a$ は q 軸方向を向く．電流を端子に現れる誘起電圧と時間波形で同位相にするということは，電流ベクトルが q 軸方向を向くようにするということである．つまり，進角制御とは SPM 同期モータの制御における $i_d = 0$ 制御と同一であることになる．また，進角とは力率角 ϕ である．

ブラシレスモータの進角制御は交流同期モータで行われるような dq 座標軸での制御を行うことなしに，時間領域の波形だけで簡易に制御できる方式である．また，回転子位置を精密に検出することなしに，ホール素子などの磁極センサを用いて $i_d = 0$ 制御ができる方式であるといえる．

11.3　交流同期モータとしての制御

ブラシレスモータを精密に瞬時値制御することを考える．ホール素子などの磁極センサでは回転子の角度検出の精度が粗く，正弦波電流を流しても精密に瞬時値制御することができない．そのため，交流モータの瞬時値制御に用いられるような分解能の高いロータリエンコーダなどを磁極センサとすることが必要となる．また，正確な正弦波波形の電流を流すためには電流センサによる電流フィードバック制御も必要となる．このようにしてゆくと，三相交流同期モータと全く同じ駆動制御方式となる．ブラシレスモータの瞬時値制御を行う場合には第 9 章で述べた SPM モータの制御と同一であると考えてよい．

ブラシレスモータの正弦波駆動と SPM 同期モータの制御の境界をどこに引くかという点ははっきりしない．しかし，安価なモータという意味でブラシレスモータと呼び，ある程度コストがかかっても精度よく制御する場合を SPM 同期モータと呼んで使い分けているようである．

安価な，という意味はホール素子などの磁極センサを使うことを意味する．その場合でも交流モータとして瞬時値制御を考えることができる．その一例として，センサレス制御がある．ホール素子により検出される回転子位置信号で検出できる回転子位置は 30 度刻みである．この間の位置を演算により補完すれば，ホール素子のみでエンコーダなどの高分解能なセンサから得られるような信号に加工でき，瞬時値制御できる．

ブラシレスモータという用語は現在ではブラシのあるモータに対し，ブラシのないモータすべてを指す場合にも使われる．誘導モータ，SPM 同期モータ，次に述べる SR モータなどもブラシレスモータと呼ばれる場合がある．これらを区別するため，ホール素子などの磁極センサのみで矩形波駆動するような安価な磁石モータを指す，ふさわしい名称が望まれる．

11.4　SR モータの原理

SR モータ (Switched Reluctance motor) はリラクタンストルクのみを利用したモータである．SR モータは固定子にはコイルがあるが回転子は鉄心のみである．また，図 11.11 に示すように回転子，固定子とも突極となっている．これは両突極と呼ばれる．

突極形状なので回転子位置により自己インダクタンスが変化する．これを利用して次の式で示す原理でトルクを発生させる．

$$T = \frac{1}{2} i^2 \frac{\partial}{\partial \theta} L(\theta) \tag{11.2}$$

両突極のため，コイルの自己インダクタンスは回転子の位置により大きく変化する．図 11.11 において，w 相の位置は固定子と回転子の突極が完全に対向しているのでインダクタンスが最も大きい．u 相と v 相はインダクタンスが最も小さい位置にある．

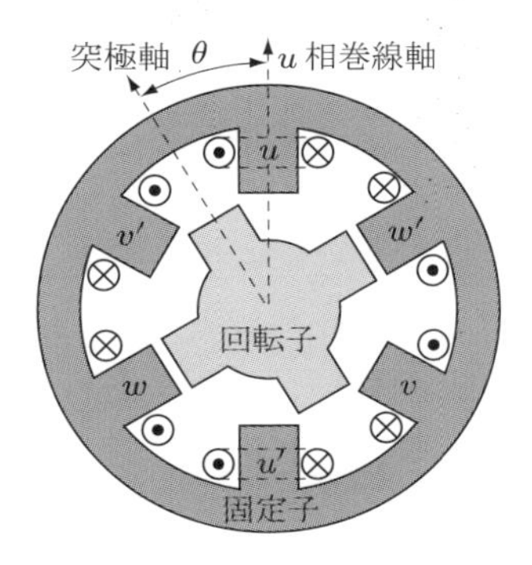

図 11.11　SR モータの基本構成

いま，インダクタンスは回転位置に対し直線的に変化すると考えると，自己インダクタンスは図 11.12 に示すように変化する．

ここで，式 (11.2) に示したトルクを考えると，期間 I ではインダクタンスは増加するので，トルクは正となる．期間 II ではインダクタンスが減少するので負のトルクを発生することになる．モータとしては期間 I を使い，発電機としては期間 II を使う．SR モータのトルクを発生するためには期間 I 中にのみコイルに電流を流すことが必要である．

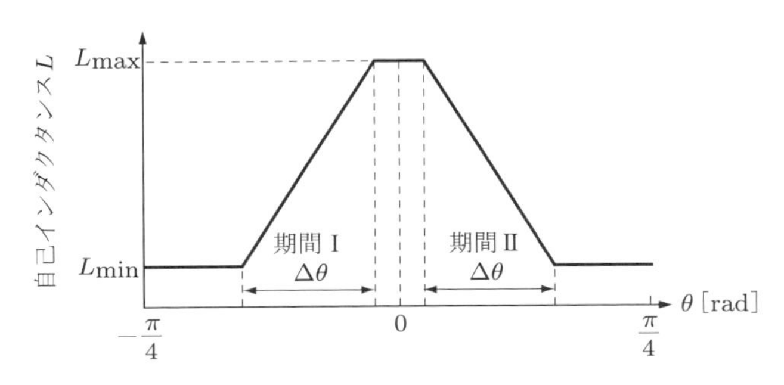

図 11.12　SR モータの自己インダクタンス

11.5　SR モータの制御

11.5.1　電流の制御法

SR モータを駆動する場合，次のように三つの方法が使われている．

(1) ワンパルス駆動

この方法は電圧や電流を制御することなしに電圧印加のタイミングのみを調節する方法である．図 11.13 に示すように運転条件に応じてオンの位相角 (θ_0) とオフの位相角 (θ_c) のみ調節する．導通期間にはインバータの直流電圧 E_s がそのまま印加される．電流は導通期間の長さにより変化する．

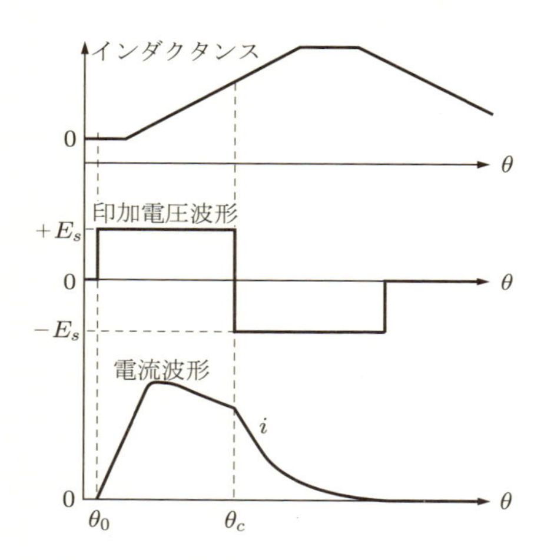

図 11.13　SR モータのワンパルス駆動

(2) 電圧制御

導通のタイミングを調節するだけのワンパルス駆動では低回転や高回転で問題が生じ，広い回転数範囲を制御することが難しい．そこで導通期間だけでなく，印加電圧もあわせて調節する方法がある．印加電圧を調節するために，図 11.14 に示すように電圧をデューティ比で制御する．これにより低速や高速での運転が可能となる．

(3) 電流制御

SR モータのトルクは式 (11.2) で示したように電流の 2 乗に比例する．これまで述べた二つの方法では導通期間中の電流が一定とならないので，瞬時のトルクは常に変化してしまう．すなわちトルク脈動を生じる．電流の大きさが一定になるように電流波形を制御すればトルク脈動が小さくなり，瞬時トルクの制御も可能となる．

そのため，電流制御ループにより図 11.15 に示すように電流を PWM 制御する．

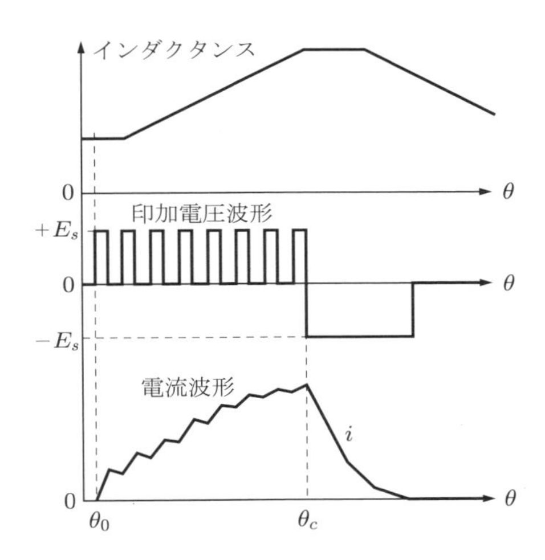

図 11.14　SR モータの電圧 PWM 制御

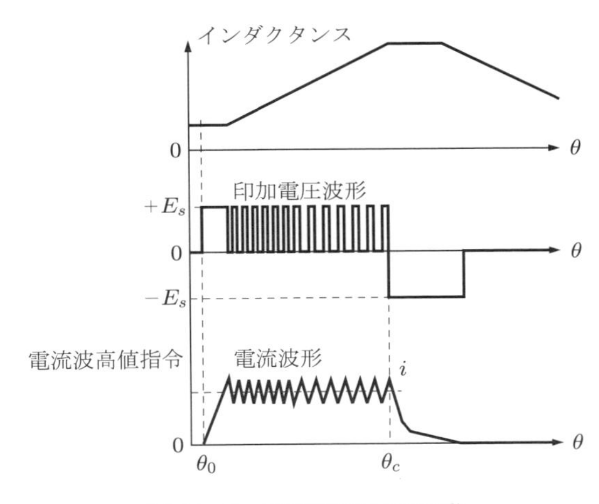

図 11.15　電流制御による駆動

11.5.2　SRモータの制御モデル

SRモータの制御を考えるためにはまず電圧方程式から出発する．いま u 相を考える．SRモータの構造から各相間の相互インダクタンスは非常に小さいと考えられるので無視する．

$$v_u = Ri_u + \frac{d\psi_u(i_u, \theta)}{dt} \tag{11.3}$$

このとき，$\psi_u(i_u, \theta)$ は u 相コイルの磁束鎖交数である．磁束鎖交数は電流 i_u と位置 θ の関数となっている．これまで扱ってきた交流モータでは磁気飽和がないと仮定してきたので，電流と回転子位置によるインダクタンスの変化を使って磁束鎖交数を計算することができた．しかし，SRモータの場合，磁気飽和することを前提として，モータを小型化するのが一つの特徴である．さらに，固定子コイルが突極型の鉄心に集中巻きされており，電流による起磁力の空間分布が正弦波状であるという仮定もできない．これらの条件から実際のモータの形状，構成材料の特性を考慮したモータモデルを用いて制御しなくてはならない．

磁気飽和を考慮するためには図11.16に示すような磁化曲線が必要となる．この図は電流と回転子位置による磁束鎖交数の変化を表している．制御に当たっては，この特性をテーブルとして記憶し，常に参照するか，近似式を用いるか，などの処理を行い数値化する必要がある．なお，磁化曲線は突極の寸法，

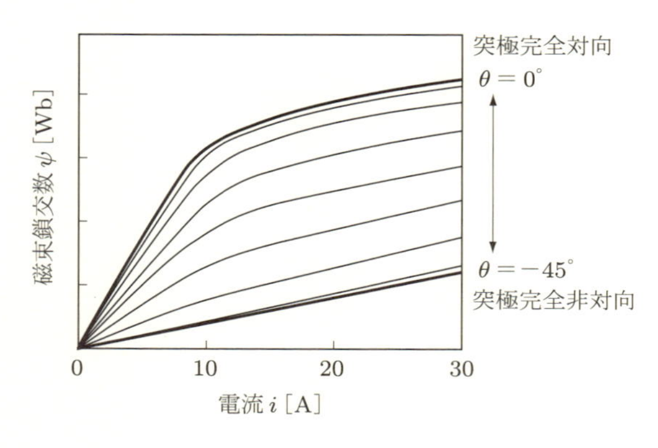

図11.16　磁化曲線

形状などのほかに漏れ磁束も考慮して決める必要がある．

磁気飽和により磁束鎖交数が変化すると，位置によりインダクタンスも変化する．突極集中巻きであることからコイルの電流による磁束の空間分布は正弦波状ではない．すなわち，インダクタンスは位置により直線状に変化しないと考える必要がある．回転子位置によるインダクタンスの変化の一例を図 11.17 に示す．このような位置によるインダクタンスの変化は空間的にフーリエ級数に展開し，空間高調波として扱う必要がある．

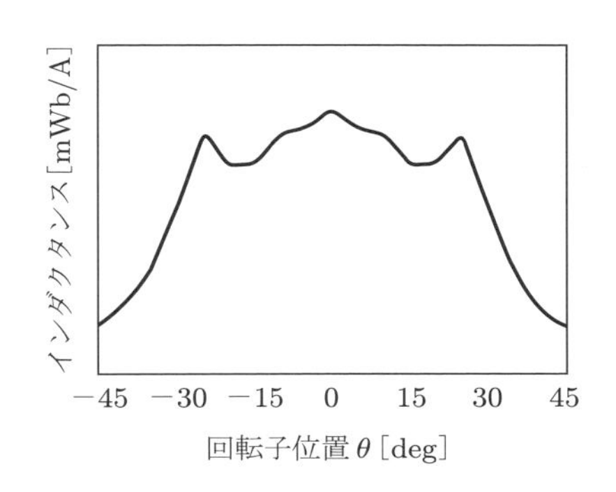

図 11.17 回転子位置によるインダクタンスの変化

インダクタンスの空間高調波成分と，電流の時間高調波成分の高調波の周波数が同一であればトルクを発生する．したがって，トルクを表す式 (11.2) は電流の時間高調波成分の総和となる．

SR モータを制御する場合，このような複雑な演算をどのようにコントローラ内部で実現するかを考える必要がある．現在のところ，SR モータについては誘導モータ，同期モータで行われているような統一的な理論から導かれる制御方式の導出には至っていない．SR モータの性能向上に伴い，理論面での発展も望まれる．

付録　ブロック線図の取り扱い

制御についてはブロック線図により説明することが多い．ここでは制御工学で用いるブロック線図の取り扱いについて解説する．それぞれの詳しい説明は制御工学の専門書を参照されたい．

A.1　ブロック線図とは

制御とは対象に操作を加え調節することである．したがって，行った操作と調節した結果との関係（因果関係）をはっきりさせる必要がある．原因と結果の関係を系と呼ぶ．原因は系への入力であり，結果は系の出力である．制御系というときには原因と結果の関係が明らかになっていることを示している．

ブロック線図の基本を図 A.1 に示す．この図は入力として x が与えられたときのブロックの出力が y であることを示している．入力された信号はブロック内に示される操作を受けて出力される．この場合，ブロック内に A と書いてあるのは，このブロックは入力した信号を A 倍するという操作をすることを示している．

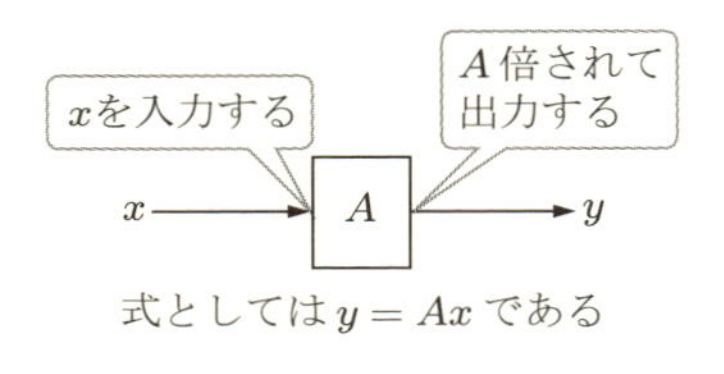

図 A.1　ブロック線図の基本

入力 x を A 倍するという関係を数式で書くと，$y = Ax$ となる．数式は x の値と y の値の関係を表している．しかし数式では因果関係は不明である．ブロック線図で表すと入力と出力，すなわち原因と結果を明確に分離して表すことができるようになる．

ブロック線図はそのブロックで行う操作を表している．このような操作の内容を入力と出力の関係で表したものを伝達関数と呼ぶ．

$$伝達関数 = \frac{出力}{入力}$$

伝達関数はブロックで行う操作を数式で示しており，ブロックの中に書き込むことになっている．

ブロック線図のもう一つの決まりは，ブロック内の伝達関数をラプラス変換で表すことである．時間の関数 $r(t)$ をラプラス変換したものを $R(s)$ と表す．ラプラス変換を用いるので微積分はすべてラプラス演算子の s の乗算と除算で表されることになる．図 A.1 の場合の伝達関数 $G(s)$ は，

$$G(s) = A$$

である．

ただし，モータの制御についてブロック線図を用いて説明する場合，必ずしもラプラス変換で表してない場合もあるので注意を要する（本書もそうなっている）．

A.2　ブロック線図のきまり

ブロック線図による表現は次の三つの基本的なきまりにより描かれている．

信号の加算

ブロック線図では信号が加算できる．加算は図 A.2 に示すように合成点の近くに + を書き込む．図は信号 x と信号 y を加算したものは z という信号であるという意味である．数値的には $z = x + y$ である．

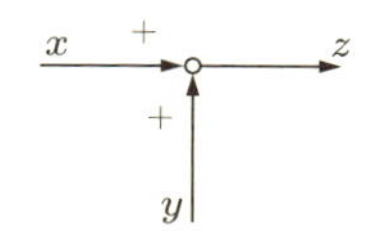

図 A.2　信号の加算

信号の減算

加算を使えば減算も表すことができる．y をマイナスするということは y に -1 を掛けたものを x に加算するということであり，図 A.3(a) のように表すことができる．これはさらに図 (b) のように書くことができる．

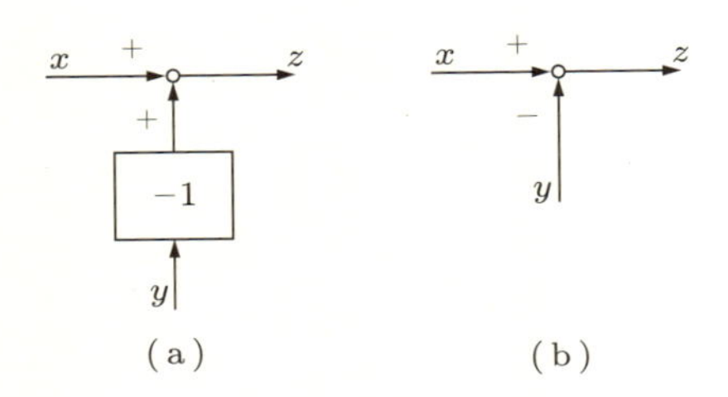

図 A.3　信号の減算

信号の分岐

ある信号が 2 箇所以上で同時に必要な場合，信号を分岐させる．これは分流ではないのでいくつでも分岐できる．図 A.4 において出力はいずれも x であり，$x/3$ にはならないことに注意を要する．

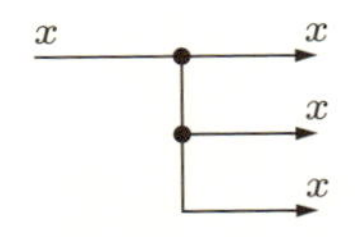

図 A.4　信号の分岐

A.3　ブロック線図の等価変換

多くのブロックで構成されたブロック線図は複雑でわかりにくいが，ブロック線図を単純化するとわかりやすいことがある．このようなときに，ブロック線図の等価変換を用いる．

ブロックの交換

ブロックの順序は交換できる（図 A.5）．

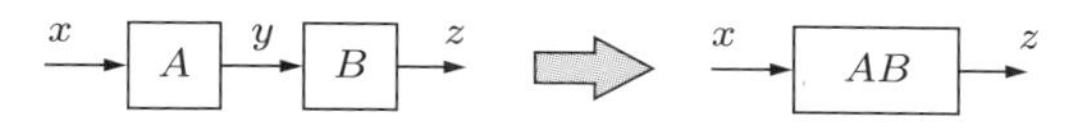

図 A.5　ブロックの変換

ブロックの直列接続

直列に接続されたブロックは伝達関数の積で表すことができる（図 A.6）.

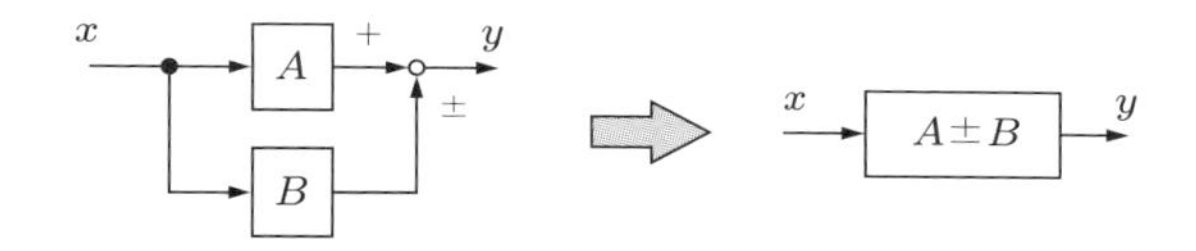

図 A.6　ブロックの直列接続の結合

ブロックの並列接続

並列に接続されたブロックは伝達関数の和または差で表すことができる（図 A.7）.

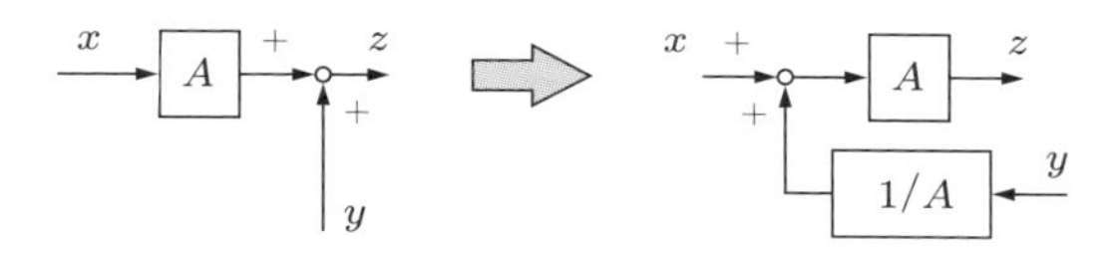

図 A.7　ブロックの並列接続の結合

加算点，分岐の移動

加算点は等価に移動できる（図 A.8）.

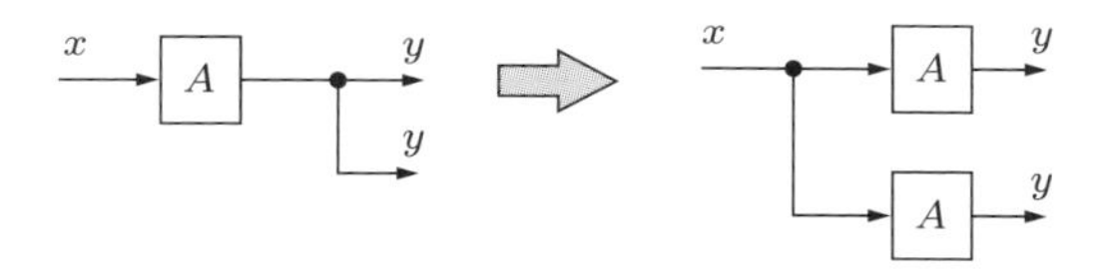

図 A.8　加算点の移動

同様に分岐も等価に移動できる（図 A.9）.

図 A.9　分岐の移動

信号の向きの反転

等価変換の過程で一時的に信号の向きを反転することができる（図 A.10）．ただし，原因と結果が反転してしまうため，最終的には必ず元に戻す必要がある．

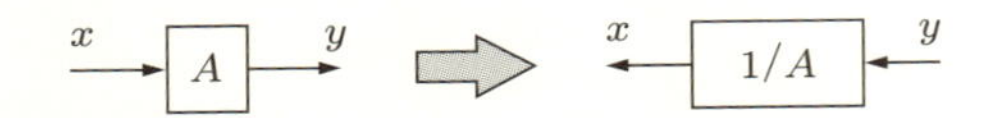

図 A.10　信号の向きの反転

加算点での信号の反転

加算点で信号の向きを反転する際は図 A.11 に示すように行う．

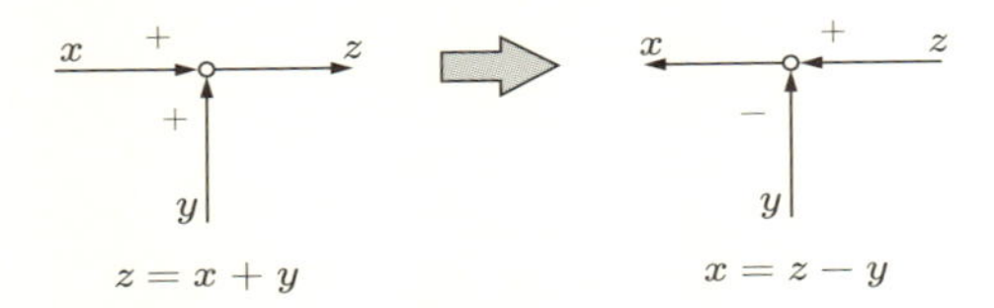

図 A.11　加算点での信号の反転

以上の等価変換を用いてブロック線図を単純化することができる．なお，ブロック線図の基本のきまりと変換の例を表 A.1 にまとめる．

表 A.1　ブロック線図の基本

	ブロック演算	数式表現	
基本のきまり	信号の加算	$z = x + y$	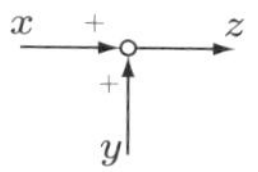 x + z + y
	信号の減算	$z = x - y$	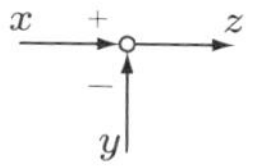 x + z − y
	信号の分岐	いずれも x であり，$x/3$ にはならない．	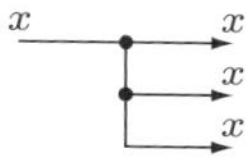 x x x x
ブロックの等価変換	ブロックの交換	$y = ABx = BAx$	 x A B y ⇨ x B A y
	ブロックの直列接続	$z = By$,　$y = Ax$ $z = ABx$	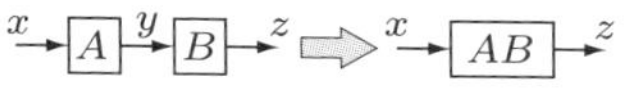 x A y B z ⇨ x AB z
	ブロックの並列接続	$y = (A \pm B)x$	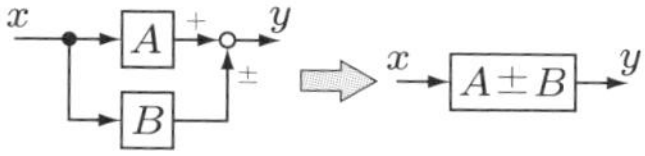 x A + y ± B ⇨ x $A \pm B$ y
	加算点の移動		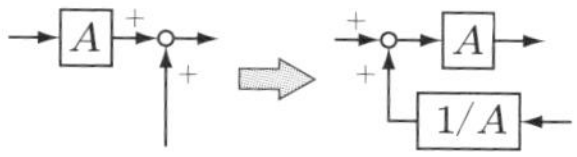 A + + ⇨ + + A $1/A$
	分岐の移動		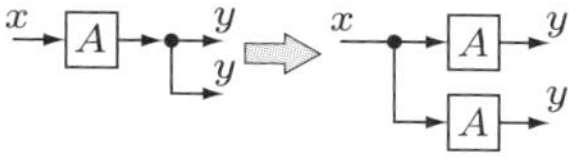 x A y y ⇨ x A y A y
	信号の向きの反転	一時的に信号の向きを反転することができる．ただし，原因と結果が反転してしまうため，最終的には必ず元に戻す必要がある．	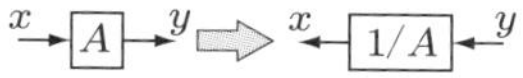 x A y ⇨ x $1/A$ y
	加算点での信号の反転	$z = x + y$ ⇩ $x = z - y$	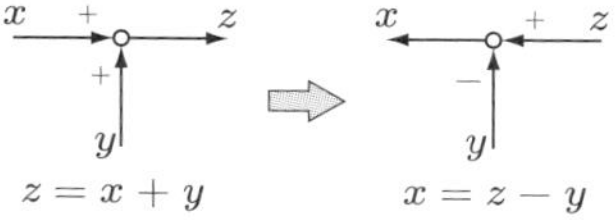 x + z + y $z = x + y$ ⇨ x + z − y $x = z - y$
	フィードバック変換	フィードバック結合は一つの伝達関数として表される．	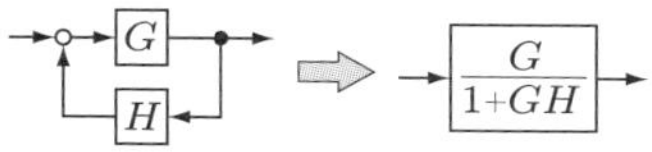 G H ⇨ $\frac{G}{1+GH}$

例題 1

図 A.12 に示すブロック線図を一つのブロックに簡単化する．なお，このブロック線図はフィードバック結合と呼ばれる．

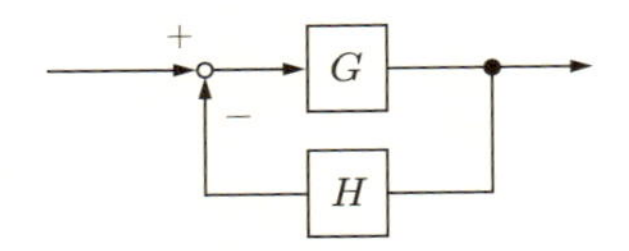

図 A.12　フィードバック結合

解答

まず信号の向きを反転させる（図 A.13(a)）．

次に，並列接続されたブロックを結合する（図 (b)）．

最後に，信号の向きを再度反転させて，原因と結果を明確にする（図 (c)）．

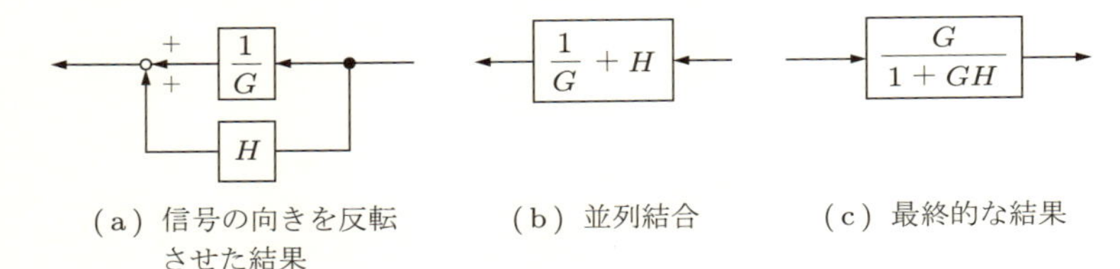

(a) 信号の向きを反転させた結果　(b) 並列結合　(c) 最終的な結果

図 A.13

このようにフィードバック結合は一つの伝達関数として表される．簡単化した結果は等価変換の公式として使われる．

例題 2

図 A.14 に示すブロック線図を一つのブロックにまとめて伝達関数を求める．この例は G_1，H_1 で構成される制御ループ（例えば速度制御ループ）の内側（マイナーループ）に G_2，H_2 で構成される電流ループがあることをイメージしている．

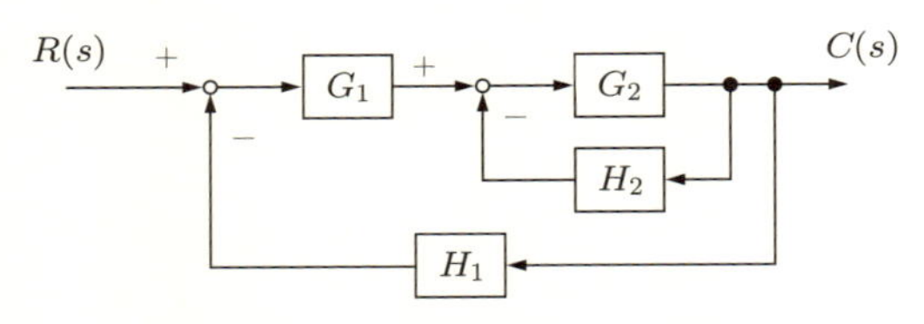

図 A.14　例題 2 のブロック線図

解答

まず図 A.15(a) にて①で示されるフィードバック結合を一つのブロックに変換する．

その結果，図 (b) のようになる．図 (b) にて②で示される部分は直列接続となるので，これを一つのブロックに変換する．

その結果，図 (c) のような一つのフィードバック結合になる．

フィードバック結合を単一ブロックに等価変換すると図 (d) に示すような一つの伝達関数で表されることがわかる．

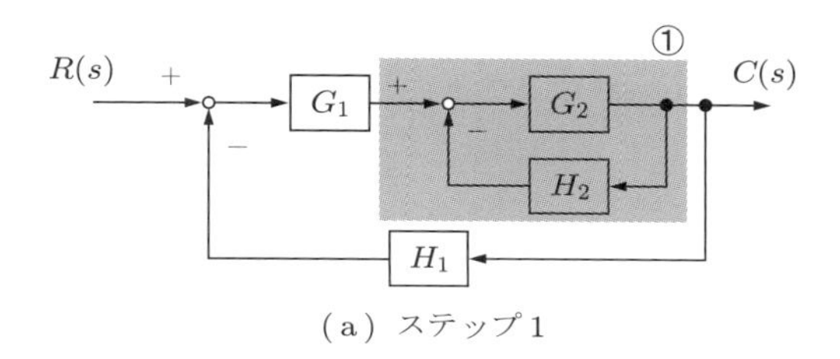

(a) ステップ 1

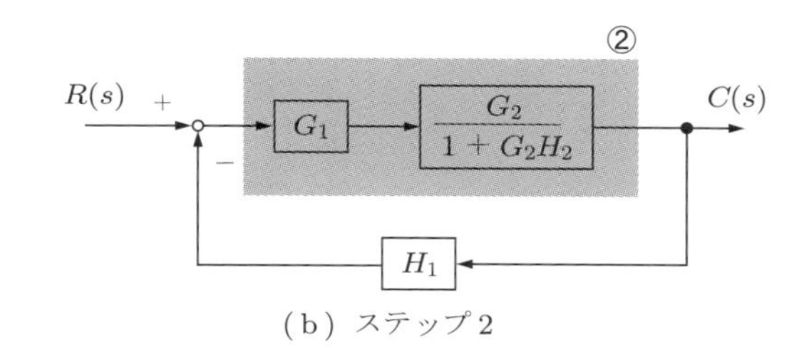

(b) ステップ 2

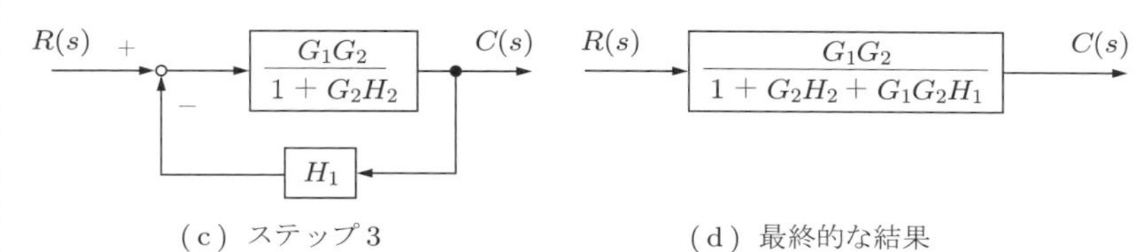

(c) ステップ 3　　(d) 最終的な結果

図 A.15

A.4　基本的な伝達関数

比例要素

出力信号が入力信号に比例する要素である（図 A.16）．電流 $I(s)$ を入力信号，電圧 $V(s)$ を出力信号としたとき，抵抗は伝達関数が R として表される比例要素である．

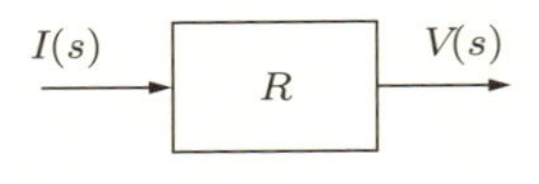

図 A.16　比例要素

微分要素

出力が入力の微分値に比例する要素を微分要素という．コイルを流れる電流と両端の電圧の関係は

$$v(t) = L\frac{di(t)}{dt}$$

となるので，ラプラス変換すると，

$$V(s) = s \cdot L \cdot I(s)$$

となる（図 A.17）．ラプラス変換により微分が s の掛け算になる．この結果は比例要素 L と微分要素 s の直列結合として次のように表すことができる．

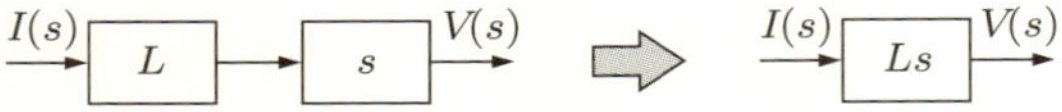

図 A.17　微分要素

微分要素の出力は入力信号に対し位相が 90 度進む．これは複素平面上のベクトルとして考えるときに反時計回りに 90 度回転することを表している．

積分要素

出力が入力の積分に比例する要素を積分要素という．コンデンサの電圧と電流の関係は

$$v(t) = \frac{1}{C}\int idt$$

となるのでラプラス変換すると，

$$V(s) = \frac{1}{sC}$$

となる．ラプラス変換すると積分は $1/s$ で表される．この結果をブロック線図に表すと次のようになる（図 A.18）．

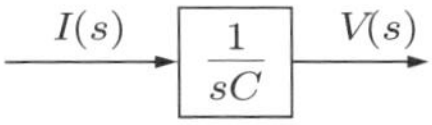

$$I(s) \rightarrow \boxed{\frac{1}{sC}} \rightarrow V(s)$$

図 A.18　積分要素

積分要素の出力は入力信号に対し位相が 90 度遅れる．これは複素平面上のベクトルとして考えるときに時計回りに 90 度回転することを表している．

1 次遅れ要素

1 次遅れ要素とは分母が s に関する 1 次式となる伝達関数である．すなわち，図 A.19 のような要素を指す．

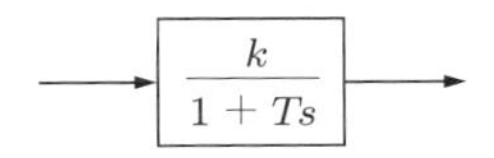

図 A.19　1 次遅れ要素

1 次遅れ要素は入力信号の周波数に応じて位相遅れが変化する．

2 次遅れ要素

分母が s に関して 2 次式になっている要素を 2 次遅れ要素という（図 A.20）．

1 次遅れ要素，2 次遅れ要素とも時間の影響を受ける．特に 2 次遅れ要素は制御系の安定性に大きく影響してくる．

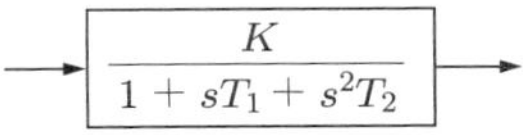

$$\rightarrow \boxed{\frac{K}{1 + sT_1 + s^2T_2}} \rightarrow$$

図 A.20　2 次遅れ要素

A.5 フィードバック制御

フィードバック制御とは制御により操作した結果を基に，次に行う操作を調節する制御である．そのために出力信号を入力側に戻すが，これをフィードバックと呼ぶ．図 A.21 にはフィードバック制御系をブロック線図で表している．

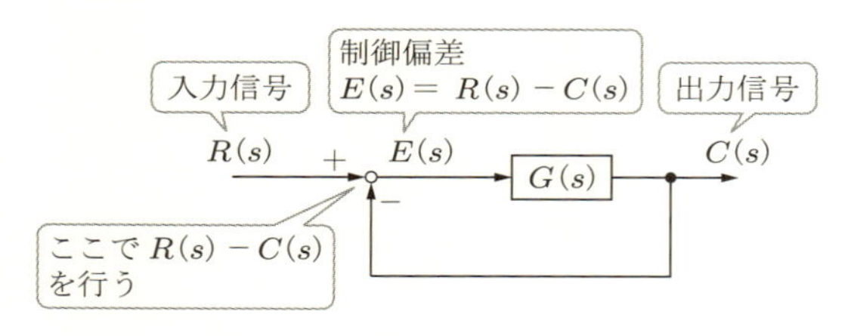

図 A.21　フィードバック制御

図において，入力信号は $R(s)$，伝達関数は $G(s)$，出力信号は $C(s)$ である．出力信号 $C(s)$ は入力側へ戻される（フィードバック）．フィードバック点では，

$$E(s) = R(s) - C(s)$$

という演算が行われる．$E(s)$ は制御偏差と呼ばれる．出力信号 $C(s)$ が入力信号 $R(s)$ と等しくなると $E(s)$ はゼロとなり，$G(s)$ への入力もゼロとなる．このように，フィードバック制御は出力信号の値を目標とする入力信号に近づける制御であると考えてよい．

P 制御

フィードバック制御において制御偏差（誤差）に比例した操作を行うことを P 制御（比例制御）という．P 制御のブロック線図を図 A.22 に示す．

P 制御による制御量を式で表すと次のようになる．

$$y(t) = K_P e(t)$$

$$Y(s) = K_P E(s) = K_P\{R(s) - C(s)\}$$

ここで，K_P を比例ゲインと呼ぶ．

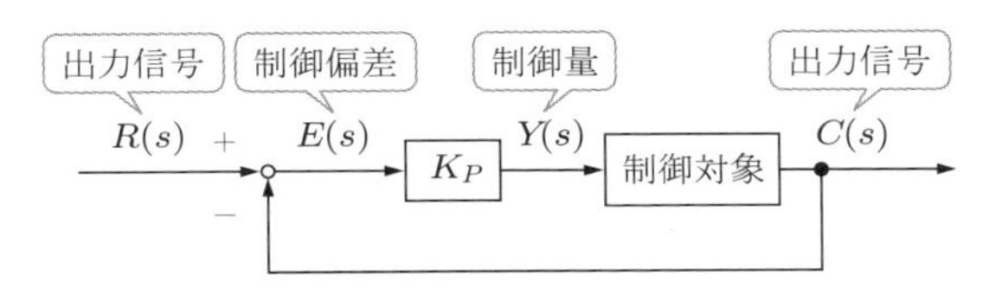

図 A.22 P 制御

しかしながら，P 制御では出力信号 $C(s)$ が目標値に近づくと制御偏差 $E(s)$ が小さくなり，それに応じて制御量 $Y(s)$ も小さくなる．最終的には，それ以上細かくは制御できない状態にまで近づく．目標値には近づくが，入力信号 $R(s)$ には達しないので $E(s)$ はゼロとならない．これを定常偏差またはオフセットと呼ぶ．P 制御では本質的に定常偏差が残ってしまう．

さらに，P 制御では K_P が決まっているので，入力信号に対して出力する値は常に対応している．しかし，制御を行う場合，状態によっては同じ入力信号に対しても出力する値を変えなければならないことがある．そのためには K_P を状態によって変化させることが考えられるが，現実的ではない．

PI 制御

P 制御の不都合を解消するため，積分器を加える．これを PI 制御という．PI 制御のブロック線図を図 A.23 に示す．PI 制御は積分により制御偏差の累積（時間積分）に比例して出力値を変化させる動作をすることができる．数式で示すと次のようになる．第 2 項は，偏差がある場合には偏差の時間積分に比例して出力を変化させる動作をする．

$$y(t) = K_P e(t) + K_I \int e(t)dt$$

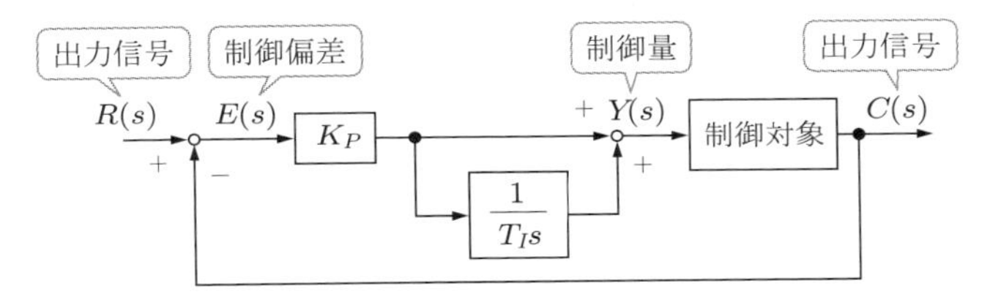

図 A.23 PI 制御

ここで K_I は積分ゲインと呼ばれる．積分ゲインを次のように表すとする．このとき，T_I を積分時間と呼ぶ．

$$K_I = \frac{K_P}{T_I}$$

積分時間は制御偏差 $e(t)$ が一定のとき，P 動作と I 動作の出力が同じになる時間である．積分時間を用いてラプラス変換で記述すると次のようになる．

$$Y(s) = K_P \left(1 + \frac{1}{T_I s}\right) E(s)$$

P 制御と PI 制御の動作のイメージを図 A.24 に示す．P 制御では時間とともに制御量が小さくなり，定常偏差が残ってしまう．PI 制御では誤差の積分により制御量を保つことができ，定常偏差はゼロとなる．

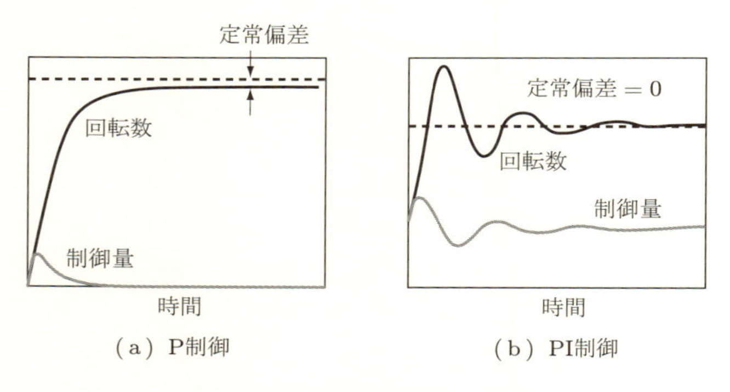

(a) P制御　　(b) PI制御

図 A.24　P 制御と PI 制御の動作

ただし，PI 制御では積分時間により動作に変化がある．積分時間が小さければ積分動作によりすばやく偏差を小さくできるが，積分時間が小さすぎると図 A.24 の例で示すようにオーバーシュートやハンチングを生じる．これは，積分動作は制御系の位相を遅らせるので不安定になることを意味している．また，入力信号が変化したり，外乱があると積分動作は時間が経過しないと働かないため，制御に遅れが生じる．

参考文献

本書ではモータ制御について基本的な考え方を理解することを目的とし，電気機器としての統一的な理論や詳細で精密な解析については述べていない．また，実務的な制御法の詳細も述べていない．それらについてさらに詳しく知りたい場合，下記を参照していただきたい．

[1] 「基礎電気機器学（電気学会大学講座）」，電気学会 (1984).
[2] 「埋込磁石同期モータの設計と制御」，武田洋次，森本茂雄，松井信行，本田幸夫，オーム社 (2001).
[3] 「電動機制御工学 —可変速ドライブの基礎—（電気学会大学講座）」，松瀬貢規，電気学会 (2007).
[4] 「現代電気機器理論（電気学会大学講座）」，金 東海，電気学会（2010）.
[5] 「省エネモータの原理と設計法 —永久磁石同期モータの基礎から設計・制御まで—」，森本茂雄，真田雅之，科学情報出版 (2013).
[6] 「家電用モータのベクトル制御と高効率運転法（設計技術シリーズ）」，前川佐理，長谷川幸久，科学情報出版 (2014).
[7] 「リラクタンストルク応用モータ —IPMSM，SynRM，SRM の基礎理論から設計まで—」，リラクタンストルク応用電動機の技術に関する調査専門委員会 編，電気学会（2016）.
[8] 「AC ドライブシステムのセンサレスベクトル制御」，電気学会・センサレスベクトル制御の整理に関する調査専門委員会 編，オーム社 (2016).

絶版であるが「交流モータのベクトル制御」，中野孝良，日刊工業新聞社 (1996) も参考になることを記しておく．

索　引

著　者　略　歴

森本　雅之（もりもと・まさゆき）
工学博士，電気学会フェロー
1975 年　慶應義塾大学工学部電気工学科卒業
1977 年　慶應義塾大学大学院修士課程修了
1977 年～2005 年　三菱重工業（株）勤務
1994 年～2004 年　名古屋工業大学非常勤講師
2005 年～2018 年　東海大学教授
現在　　　モリモトラボ代表

研究経歴
自動車用パワーエレクトロニクス，誘導モータ，リラクタンストルク応用モータなどの各種モータの研究開発，およびモータとパワーエレクトロニクスの産業応用.

編集担当　藤原祐介（森北出版）
編集責任　石田昇司（森北出版）
組　　版　ウルス
印　　刷　ワコー
製　　本　協栄製本

入門 モータ制御

2019 年 5 月 20 日　第 1 版第 1 刷発行
2025 年 2 月 10 日　第 1 版第 3 刷発行

著　　者　森本雅之
発 行 者　森北博巳
発 行 所　**森北出版株式会社**
東京都千代田区富士見 1–4–11（〒102–0071）
電話 03–3265–8341 ／ FAX 03–3264–8709
https://www.morikita.co.jp/
日本書籍出版協会･自然科学書協会　会員
JCOPY ＜（一社）出版者著作権管理機構　委託出版物＞

Printed in Japan／ISBN978–4–627–78661–5